引黄涵闸地基处理技术

胡俊玲　王学通　王保民　著

黄河水利出版社

·郑　州·

内 容 提 要

本书主要介绍了河南黄河滩区地质概况,分析了引黄涵闸工程结构特点,并阐述了常用的地基处理方法。通过对一些新材料、新技术、新工艺在引黄涵闸工程地基处理中的实践与研究进行总结分析,可为类似工程提供技术支持。本书共分六章,包括:工程地质概况、引黄涵闸工程结构分析、常用地基处理方法、工程应用实例、设计程序开发、认识与展望。

本书实用性强,内容翔实,具有较强的创新性和学术价值,可供广大工程技术人员参考。

图书在版编目(CIP)数据

引黄涵闸地基处理技术/胡俊玲,王学通,王保民著.—郑州:黄河水利出版社,2011.10
ISBN 978 - 7 - 5509 - 0134 - 6

Ⅰ.①引… Ⅱ.①胡… ②王… ③王… Ⅲ.①黄河 -
水闸 - 地基处理 - 河南省 Ⅳ.①TV882.1 ②TV66

中国版本图书馆 CIP 数据核字(2011)第 216260 号

出 版 社:黄河水利出版社
　　　　地址:河南省郑州市顺河路黄委会综合楼14层　邮政编码:450003
发行单位:黄河水利出版社
　　　　发行部电话:0371 - 66026940、66020550、66028024、66022620(传真)
　　　　E-mail:hhslcbs@126.com
承印单位:河南省瑞光印务股份有限公司
开本:850 mm × 1 168 mm　1/32
印张:8.75
字数:220 千字　　　　　　　　　印数:1—1 000
版次:2011 年 11 月第 1 版　　　　印次:2011 年 11 月第 1 次印刷

定价:25.00 元

前 言

1952 年,河南省武陟县兴建的第一座引黄涵闸——人民胜利渠渠首闸,为黄河下游引黄灌溉事业的发展开创了成功的先例。之后,沿黄各地相继建闸引水,截至 2007 年,河南引黄涵闸共建成 36 座,设计总引水能力 1 705 m³/s,为沿黄农田灌溉、工业及城市生活用水提供了水源。

人民治黄以来,黄河下游堤防共经历四次大规模培修,以增强堤防的抗洪能力。第一次为 1950~1957 年,第二次为 1962~1965 年,第三次为 1973~1985 年,第四次为 1998~2001 年。随着堤防的不断加高加固,已建涵闸的设计防洪标准已不能适应防洪的要求,因此 20 世纪 70 年代中期便开始分期分批地进行穿堤涵闸改建。

现阶段小浪底水库清水下泄,使黄河下游的水沙条件发生较大变化。小浪底水库出库水流含沙量较小,冲刷能力较强,使黄河下游河床明显下切,造成部分已建涵闸闸底板相对较高、引水困难的现象,还存在使用年限长、工程质量问题等,因此需对现有涵闸考虑进行改建或重建。

目前,河南省经济飞速发展,不仅是我国人口大省、农业大省,也是经济大省、新兴工业大省。发展的河南对黄河水资源的需求日益增大,万顷良田需要水,急速壮大的城市需要水,雨后春笋般的工矿企业需要水。随着沿黄各地农田灌溉、工业及城市生活用水、生态环境建设等需水量日益增加,引黄供水事业发展前景十分广阔。

引黄涵闸多修建于黄河滩地,土质多为粉土、细砂,其天然地基承载力较低,且存在地震液化现象。地基基础直接关系到建筑物的安全性,是工程建设成败的关键所在,也是我们长期致力于探索的课题。笔者通过近年来对引黄涵闸工程进行地基处理的实践与研究,在一些新材料、新技术、新工艺的应用方面积累了一定的经验,加以总结阐述,可为日后的工作奠定坚实的基础,并提供可靠的技术支撑。

本书编写人员有:河南黄河勘测设计研究院王保民(前言、第一章、第三章九至十一节),河南黄河勘测设计研究院王学通(第二章、第三章一至六节、第六章),河南黄河勘测设计研究院胡俊玲(第三章七至八节、第四章、第五章)。全书由胡俊玲统稿。

由于编著水平有限,书中错误和不足之处在所难免,敬请广大读者批评指正。

作 者

2011 年 8 月

目 录

第一章　工程地质概况

由于引黄涵闸工程多建于黄河两岸滩区,此处主要介绍河南黄河滩区的地质概况。

河南黄河西起灵宝杨家村,东到台前张庄,河道长 711 km。孟津县白鹤以上 247 km 为山区河道,白鹤以下 464 km 为平原河道。

黄河自灵宝至三门峡,属于三门峡库区的范围。三门峡至孟津 160 km 左右的河道,是黄河最后一段峡谷。峡谷出口的小浪底以下至郑州桃花峪,河道进入低山丘陵区,是由山地进入平原的过渡河段。桃花峪以下为黄河下游冲积大平原。

京广铁路桥以下黄河两岸均有堤防约束,堤距一般宽 6～10 km,最宽处在长垣县为 20 km,最窄处在台前县不足 2 km。河道为复式断面,黄河上游输送来的大量泥沙在河槽内堆积,塑造了河槽两侧宽广的滩地,称为滩区。由于河势游荡不定,两岸滩地常有不同程度的冲淤变化。河南黄河滩区面积广阔,为 2 200～2 600 km²,涉及洛阳、郑州、开封、焦作、新乡、濮阳 6 个市所属的19 个县(区)。

第一节　地形地貌

河南黄河滩区为黄河近代冲积形成的河漫滩地貌单元(见图 1-1)。由于河段的游荡性,河槽在两岸大堤之间摆动,形成了宽窄不一的漫滩地。桃花峪以下,左岸滩区主要有:武陟老田庵—大三李段,滩宽 3～10 km;封丘于店—辛店段,滩宽 2～7 km;封丘常堤—禅房段,滩宽 2~5 km;长垣大留寺—三合村段,滩宽 3~13 km;濮阳南小堤—王称固段,滩宽 3~6 km;范县彭楼—邢庙段、邢庙—于庄段,滩宽分别为 2~4 km、4~6 km;台前孙楼—影堂段,滩宽 1~6 km。右岸滩区主要有:中牟九堡—开封黑岗口段,滩宽 5~7 km;开封柳园口—夹河滩段,滩宽 3~6 km。

图 1-1　河南黄河滩区地貌

第二节　地质构造

河南黄河滩区及河道在大地构造上处于华北断块区内的华北平原断块坳陷亚区,根据构造特征可分为 8 个隆起和坳陷构造,与黄河演变有关的主要有济源—开封坳陷、鲁西隆起、内黄隆起、临清坳陷、济阳坳陷等。黄河下游新构造运动形式主要为断块差异升降运动、断裂错动、地震等。黄河下游断裂大体形成以 NNE、NE、NWW、NW 走向为主的构造格局。这些断裂在黄河冲积平原皆为隐伏断裂。新构造期活动比较强的断裂有郑汴断裂、新商断裂、聊考断裂带。

根据《建筑抗震设计规范》(GB 50011—2010),河南省有关地区抗震设计主要参数见表1-1。

表 1-1 河南省有关地区抗震设计主要参数

序号	单位及地区	抗震设防烈度（度）	设计基本地震加速度值	设计地震分组
一	豫西			
1	济源	7	0.10g	第二组
2	孟津	7	0.10g	第二组
二	郑州			
1	巩义	7	0.10g	第二组
2	荥阳	7	0.10g	第二组
3	惠金	7	0.15g	第二组
4	中牟	7	0.10g	第二组
三	开封			
1	开封	7	0.10g	第二组
2	兰考	7	0.10g	第二组
四	焦作			
1	沁阳	7	0.10g	第二组
2	博爱	7	0.10g	第一组
3	孟州	7	0.10g	第二组
4	温县	7	0.10g	第二组
5	武陟	7	0.15g	第二组

续表 1-1

序号	单位及地区	抗震设防烈度（度）	设计基本地震加速度值	设计地震分组
五	新乡			
1	原阳	8	0.20g	第一组
2	封丘	7	0.15g	第二组
3	长垣	7	0.15g	第二组
六	濮阳			
1	濮阳	7	0.15g	第二组
2	范县	8	0.20g	第一组
3	台前	7	0.15g	第一组

第三节　地层岩性

河道的游荡不定决定了沉积物的复杂多变。现将河南黄河两岸滩区分段简要描述其地层岩性。

一、左岸

武陟老田庵—大三李段：滩区内地层大致分为两层，上部厚度为 10 ~ 15 m，为一套第四纪全新统内河漫滩相沉积物，土质以黏土和壤土为主，夹有砂壤土。下部为一套第四纪全新统河床相沉积物，土质以细砂为主。揭示深度为 30 m。

封丘于店—辛店段：滩区地表下至 15 m 深度内土质以壤土为主，夹有砂壤土和黏土；15 m 以下薄层黏土和细砂交替沉积，均为第四纪全新统冲积成因。揭示深度为 26 m。

封丘常堤—禅房段：滩区内地层表现为河床相和漫滩相沉积

变化频繁的特征,土质为粉砂、细砂和壤土交替沉积。地表出露土质以砂壤土和粉砂为主。揭示深度为 28 m。

长垣大留寺—三合村段:该段地层岩性以第四纪全新统内河漫滩相的沉积物为主,土质以壤土为主。揭示深度为 30 m。地表下 3~6 m 深度内往往有砂壤土和粉砂、细砂出露。

濮阳南小堤—王称固段:滩区内地层为第四纪全新统冲积物,土质以砂壤土为主,夹有壤土,往往有砂壤土出露地表,厚度约为 20 m。揭示深度为 30 m。

范县彭楼—邢庙段:区内地层为第四纪全新统的低漫滩相沉积物,土质以砂壤土、壤土为主,深度 18 m 以下以粉砂、细砂为主。揭示深度为 32 m。

范县邢庙—于庄段:区内地表土质以砂壤土为主。揭示深度为 7 m。

台前孙楼—影堂段:滩区内地表土质以砂壤土为主。揭示深度为 10 m。

二、右岸

中牟九堡—开封黑岗口段:滩区内地层表现为河床相和低漫滩相反复交替沉积的特征,土质为第四纪全新统冲积成因的砂壤土和细砂互层。揭示深度为 30 m。

开封柳园口—夹河滩段:滩区地层也表现为河床相和低漫滩相反复交替沉积的特征。深度 30 m 以上为砂壤土和细砂互层。深度 30 m 以下为壤土和细砂互层。揭示深度为 70 m。地表出露土质以砂壤土为主。

第四节　水文地质

河南黄河两岸滩区浅层(地表下 30 m 以内)含水层主要为孔

隙潜水含水层,局部有弱承压含水层及上层滞水。补给源主要为黄河水及大气降水,地下水位的高低变化与黄河丰、枯水期密切相关。受黄河水位的控制,地下水径流方向一般从临河流向背河,排泄方式主要为径流排泄和蒸发排泄及人工开采。由于黄河下游冲积平原内地形平坦,地下水水力坡降很小,地下水径流迟缓,在低洼处常形成积水,土地沼泽化、盐渍化现象时有发生。

第五节　堤身质量评价

黄河大堤堤身人工填土主要分布于堤身、前戗、后戗、淤区等处,填筑厚度一般为 7～12 m,土质以壤土、砂壤土为主,夹有黏土块,总体呈灰黄色—黄褐色,不均匀。淤区吹填土以砂壤土、粉砂为主,夹黏土、壤土微薄层,总体呈灰黄色。口门填土主要分布在历史口门堤段,土质以砂壤土掺秸料为主,夹杂黏土、壤土和粉砂,秸料呈未腐烂状,总体呈软塑—流塑。其主要特点是含有大量腐殖物,与上下游堤段的地层存在明显差别,特别是腐殖物的成层性和密集程度与其他堤段明显不同;地层颜色由浅变深,特别是与下部地层交界处,地层颜色明显不同,老口门地层表现为灰色和深灰色,下部地层表现为黄灰色和棕黄色。第四系全新统冲积层有粉细砂、砂壤土、壤土、黏土,是堤基土的主要组成部分。

黄河是多泥沙河流,工程区处于黄河冲积扇或冲积平原,根据沉积地质环境,土体多呈层土层砂的多层结构,故堤基地层结构主要为多层结构和双层结构。

由于黄河大堤是在原有民埝的基础上逐步加高培厚而成的,虽经多年的加固处理,但仍存在许多险点隐患及薄弱环节。

一、堤防质量差

受当时技术、设备和社会环境等条件的限制,历史上修筑的老堤普遍存在用料不当、压实度不够等问题。修堤土质多属砂壤土、粉细砂,渗透系数大,局部用黏土修筑的堤防,易形成干缩裂缝。多数堤身干密度小于 1.5 t/m³,堤防隐患探测发现多数堤段存在裂缝、松散体和空洞。

二、险点隐患多

黄河下游堤基复杂,特别是老口门在堵口时将大量的秸料、木桩、麻料、砖石料等埋于堤身下,形成强透水层,口门背河留有潭坑和洼地;獾狐、鼠类等动物在堤防内打洞,造成堤防洞穴隐患较多;在堤身内还有人工挖的战壕、防空洞、藏物洞、墓坑、树坑等空洞,这些洞穴较为隐蔽,不易发现。

经探测,堤防堤身存在各类明显隐患,主要为松散体、空洞和裂缝,顶部埋深 2~9 m,大部分埋深 3~6 m。

第二章　　引黄涵闸工程结构分析

　　自 2003 年以来,在黄河沿岸兴建了一批供水工程,如河南濮阳渠村引黄闸改建系列工程(见图 2-1)、长垣周营引黄闸、武陟引黄供水水源工程、温县大玉兰引黄闸、郑州桃花峪引黄闸(见图 2-2)、郑州花园口东大坝引黄闸(见图 2-3)及原阳双井引黄闸(见图 2-4)等。

图 2-1　濮阳渠村引黄闸改建系列工程

　　引黄供水工程中具有代表性的涵闸是依托于河道控导工程的引水闸和依托于黄河堤防的穿堤闸。引水闸通常位于黄河主河道,其闸址地基主要持力层范围内的土层一般为新近沉积的细砂

图 2-2 郑州桃花峪引黄闸

(a)原郑州花园口东大坝引黄闸

(b)新建郑州花园口东大坝引黄闸

图 2-3 郑州花园口东大坝引黄闸

(a)原原阳双井引黄闸　　　　　(b)新建原阳双井引黄闸

图2-4　原阳双井引黄闸

层,天然地基承载力较低,压缩性较大,并存在不同程度的液化现象。地下水类型为孔隙型潜水,且水流条件经常变化。穿堤闸往往要穿越黄河堤防,由于堤防修筑的年代较为久远,地基已经历长期压实和沉降,闸址处地层岩性主要为砂壤土、粉质黏土或粉砂,存在局部的液化现象。地下水主要受黄河水的侧渗补给。

引水闸和穿堤闸的闸室结构多为涵洞式,基础类型多为筏板和箱型基础。其闸室结构由上向下一般为机房、排架、胸墙、闸墩和闸底板;所受荷载主要包括自重、土压力、水压力、渗透压力和浮托力,传至地基的压力往往超出其天然地基承载力,并且是不均匀的。在闸室两侧一般设置有较高的挡土墙和填土区,同样产生较大的、不均匀的地基压力。

根据上部结构的特点,并针对黄河滩地大部分砂壤土、粉土、砂土的地质条件,需要探索优越的地基处理方法以解决地基承载力低、不均匀沉降、液化等问题。

现以郑州桃花峪引黄闸受力稳定分析为例,说明上部结构传至地基的压力特点。闸室结构见图2-5。

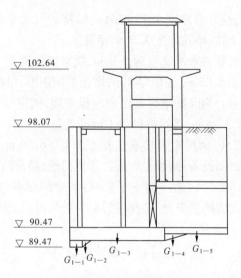

图 2-5 闸室结构简图

第一节 闸室结构

闸底板:引黄闸设计引水位为 93.96 m,根据水力计算成果,通过设计流量 16 m³/s 时的闸前水深为 2.0 m,考虑小浪底水库的运用和调水调沙的影响,闸室底板高程确定为 90.47 m。

闸墩:按照《水闸设计规范》(SL 265—2001)相关条文规定,闸顶高程不应低于水闸最高挡水位加波浪计算高度与相应安全超高值之和。考虑到引黄闸修建在桃花峪控导工程连坝上,经计算闸墩顶高程略低于连坝顶高程,为便于工程的管理,取闸墩顶高程与连坝顶高程一致,为 98.07 m。

启闭机工作桥面:根据确定的闸墩顶高程和闸门启闭及检修要求,启闭机工作桥面高程为 102.64 m。

闸孔数量及闸室尺寸:引黄闸采用箱型涵洞式结构。根据水力计算成果,闸孔总净宽 4.75 m 时能够满足引水要求,由此确定闸孔数量为 2 孔,单孔净宽 2.5 m,净高 3 m。

闸室进口垂直水流宽度为 8.0 m,顺水流长度为 10.0 m。闸室前段闸墩长 6.05 m,边墩厚 1 m,墩头采用矩形;中墩厚 1 m,墩头采用半圆形。为降低闸墩高度和底板宽度,闸室后段布置为渐变段涵洞,长 3.95 m,边墩墙厚由 1 m 渐变至 0.50 m,中墩墙厚由 1 m 渐变至 0.50 m,闸室末端垂直水流宽度为 6.50 m。

闸门及启闭设备:闸墩上布置拦污栅门槽、检修门槽和工作门槽。工作闸门采用钢筋混凝土平板闸门,启闭设备选用 LQ - 25 单吊点螺杆式启闭机 2 台,检修闸门采用钢筋混凝土叠梁闸门。

第二节　稳定计算

郑州桃花峪引黄闸稳定计算荷载组合见表 2-1。

表 2-1　桃花峪引黄闸稳定计算荷载组合

荷载组合	计算工况	水位(m)		荷载					
		闸前	闸后	自重	静水压力	扬压力	波浪压力	土压力	渗透压力
基本组合	1. 完建期	无水	无水	√					
	2. 设计引水位	93.96	90.47	√	√	√	√	√	√
特殊组合	3. 最高运用水位	97.07	93.47	√	√	√	√	√	√

稳定计算公式为:

$$e = \frac{\sum M}{\sum G}$$

$$\eta = \frac{\sigma_{max}}{\sigma_{min}}$$

$$K_c = \frac{f \sum G}{\sum H}$$

稳定计算分完建期情况、设计引水位情况、最高运用水位情况三种工况进行。

一、完建期情况

完建期作用荷载和力矩计算结果见表 2-2。

表 2-2　完建期作用荷载和力矩计算结果

部位	竖直力 (kN)	水平力 (kN)	力矩 M(kN·m)	
			竖直力	水平力
底板	1 741.44	0	- 1 448.52	0
闸墩	3 317.73	0	- 6 165.18	0
胸墙	184.38	0	187.44	0
顶板及墩墙	1 058.91	0	3 105.17	0
闸后填土	2 113.447 5	0	6 548.52	0
机架桥及启闭机房	993.08	0	456.93	0
启闭机及闸门	170.465	0	70.163	0
土压力	0.00	- 1 025.83	0.00	- 4 520.91
合计	9 579.45	- 1 025.83	- 1 766.39	

注:1. 对底板形心求矩。

2. 力向下、向右为正方向,力矩顺时针为正方向,下同。

根据计算结果有:

$$P_{\substack{max \\ min}} = \frac{\sum G}{A} \pm \frac{\sum M}{W} = \frac{\sum G}{BL} \pm \frac{6 \sum M}{BL^2}$$

地基反力为：

$$P_{min} = 110.59 \text{ kPa}, \quad P_{max} = 138.11 \text{ kPa}$$

地基反力不均匀系数为：

$$\eta = P_{max}/P_{min} = 1.25$$

二、设计引水位情况

设计引水位时作用荷载和力矩计算结果见表 2-3。

表 2-3　设计引水位时作用荷载和力矩计算结果

部位	竖直力（kN）	水平力（kN）	力矩 M（kN·m）	
			竖直力	水平力
闸室自重	9 579.45	0	2 754.51	0
闸室水重	978.13	0	− 2 268.26	0
水平水压力	0	394.64	0	656.40
浮托力	− 752.30	0	625.76	0
渗透压力	− 2 205.69	0	1 149.67	0
波浪压力	0	90.31	0	368.83
土压力	0	− 1 025.83	0	− 4 520.91
泥沙压力	0	21.42	0	19.28
合计	7 599.59	− 519.46	− 1 214.72	

根据计算结果有：

$$P_{min}^{max} = \frac{\sum G}{A} \pm \frac{\sum M}{W} = \frac{\sum G}{BL} \pm \frac{6 \sum M}{BL^2}$$

地基反力为：

$$P_{min} = 89.19 \text{ kPa}, \quad P_{max} = 108.11 \text{ kPa}$$

地基反力不均匀系数为：

$$\eta = P_{max}/P_{min} = 1.21$$

三、最高运用水位情况

最高运用水位时作用荷载和力矩计算结果见表2-4。

表2-4 最高运用水位时作用荷载和力矩计算结果

部位	竖直力 （kN）	水平力 （kN）	力矩 M（kN·m）	
			竖直力	水平力
闸室自重	9 579.45	0	2 754.51	0
闸室水重	2 695.39	0	−2 122.86	0
水平水压力	0	1 168.34	0	3 446.13
浮托力	−1 965.90	0	392.97	0
渗透压力	−1 940.25	0	1 011.31	0
波浪压力	0	95.23	0	684.77
土压力	0	−1 215.25	0	−5 160.66
泥沙压力	0	85.81	0	114.39
合计	8 368.69	134.13	1 120.56	

根据计算结果有：

$$P_{max \atop min} = \frac{\sum G}{A} \pm \frac{\sum M}{W} = \frac{\sum G}{BL} \pm \frac{6\sum M}{BL^2}$$

地基反力为：

$$P_{min} = 99.90 \text{ kPa}, \quad P_{max} = 117.36 \text{ kPa}$$

地基反力不均匀系数为：

$$\eta = P_{max}/P_{min} = 1.17$$

计算结果汇总见表2-5。

由计算结果知,郑州桃花峪引黄闸在完建期、设计引水位、最高运用水位时,抗滑安全系数均大于《水闸设计规范》(SL 265—2001) 规定的最小值,即抗滑稳定是满足要求的;同时,三种工况下地基反力不均匀系数均小于《水闸设计规范》(SL 265—2001) 规定的容许值,但是完建期地基应力大于相应土层的承载力特征值。

表 2-5　闸室稳定计算结果

荷载组合	计算工况	水位(m)		抗滑安全系数		地基应力(kN/m²)				地基反力不均匀系数	
		闸前	闸后	K_c	$[K]$	$P_{上游}$	$P_{下游}$	$P_{平均}$	$[p]$	η	$[\eta]$
基本组合	完建期	90.47	90.47	4.02	1.2	138.11	110.59	124.35	100	1.25	1.5
	设计引水位	93.96	90.47	6.29	1.2	108.11	89.19	98.65	100	1.21	1.5
	最高运用水位	97.07	93.47	26.83	1.2	99.90	117.36	108.63	100	1.17	1.5

该闸址地基主要持力层范围内土层均为新近沉积的细砂层,承载力特征值为 100 kPa,而计算上部荷载传至闸底板最大压力为 138 kPa,其天然地基承载力不能满足要求。闸前两侧有填土区段,填土厚度最大为 7 m,且设置有浆砌石挡土墙,自重较大,产生较大的地基反力。在 7 度地震条件下,本场地属轻微液化场地。

郑州桃花峪引黄闸是典型的引黄涵闸工程结构形式,概括其地基基础条件有以下特点:地基持力层范围内土层多为粉土、细砂,上部结构荷载较大,传至地基的压力往往超出天然地基承载力,且地基多有地震液化现象。

第三章　常用地基处理方法

　　为了城镇供水及农田灌溉的需求,在黄河滩区需要修建诸多的水闸、泵站等水工建筑物。河南黄河滩区地貌属黄河冲积扇平原,由于河段的游荡性,河槽在两岸大堤之间摆动,形成了宽窄不一的河漫滩地。河道的游荡不定,决定了沉积物的复杂多变。20 m 深度以上地层为第四系全新统(Q_4)和晚更新统(Q_3)冲积堆积层,岩性主要为低液限粉土、砂土和低液限黏土,其天然地基承载力较低,而上述水工建筑物基础一般需要承受较大的上部荷载,基底压力往往超越持力层天然承载力许多,必须对天然地基进行加固处理,以满足地基承载力及地基变形的要求。

　　调查河南引黄涵闸地基处理的有关资料,这方面的记载很少。20 世纪 90 年代,在台前刘楼闸、原阳祥符朱闸、濮阳柳屯闸地基处理中曾采用过高压旋喷注浆法,即采用高压水泥浆通过钻杆由水平方向的喷嘴喷出,形成喷射流,以此切割土体并与土拌和形成水泥土加固土体的地基处理方法。其加固机制是靠喷嘴以很高的压力喷射出能量大、速度快的浆液,当它连续、集中地作用在土体上时,压应力和冲蚀等多种因素便在很小的区域内产生效应,对粒径很小的土粒或粒径较大的卵石、碎石均有巨大的冲击和搅动作用,使注入的浆液和土拌和凝固为新的固结体。通过专用的施工机械,在土中形成一定直径的桩体,与桩间土形成复合地基承担基础传来的荷载,可提高地基承载力和改善地基变形特性。

　　查阅现行有关设计规范,在《泵站设计规范》(GB 50265—2010)

和《水闸设计规范》(SL 265—2001)中,关于地基处理的方法仅列出了换土垫层、桩基础、沉井基础、振冲砂(碎石)桩和强夯等有限的几种方法。

随着工程建设的飞速发展,地基处理的手段也日趋多样化,部分土体被增强或置换形成增强体,由增强体和周围地基共同承担荷载的地基称为复合地基。复合地基最初是指采用碎石桩加固后形成的人工地基。随着深层搅拌桩加固技术在工程中的应用,发展了水泥土桩复合地基的概念。碎石桩是散体材料桩,水泥土搅拌桩是黏结材料桩。在荷载作用下,由碎石桩和水泥土搅拌桩形成的两类人工地基的性状有较大的区别。水泥土桩复合地基的应用促进了复合地基理论的发展,由散体材料桩复合地基扩展到柔性桩复合地基。随着低强度桩复合地基和长短桩复合地基等新技术的应用,复合地基概念得到了进一步的发展,形成刚性桩复合地基概念。如果将由碎石桩等散体材料桩形成的人工地基称为狭义复合地基,则可将包括散体材料桩、各种刚度的黏结材料桩形成的人工地基及各种形式的长短桩复合地基称为广义复合地基。复合地基由于其充分利用桩间土和桩共同作用的特有优势及相对低廉的工程造价,得到了越来越广泛的应用。

第一节　地基处理方法分类

当天然地基不能满足建(构)筑物对地基稳定、变形及渗透方面的要求时,需要对天然地基进行处理,以满足建(构)筑物对地基的要求。地基处理方法可以根据地基处理的原理、目的、性质和时效等进行分类。

一、根据地基处理的原理分类

(一)置换

置换是用物理力学性质较好的岩土材料置换天然地基中部分或全部软弱土及不良土,形成双层地基或复合地基,以达到提高地基承载力、减少沉降的目的。它主要包括换土垫层法、褥垫法、振冲置换法、沉管碎石桩法、强夯置换法、砂桩(置换)法、石灰桩法以及 EPS 超轻质料填土法等。

(二)排水固结

排水固结的原理是软黏土地基在荷载作用下,土中孔隙水慢慢排出,孔隙比减小,地基发生固结变形,同时随着超静水压力逐渐消散,土的有效应力增大,地基土的强度逐步增长,以达到提高地基承载力,减少工后沉降的目的。它主要包括加载预压法、超载预压法、砂井法(包括普通砂井、袋装砂井和塑料排水带法)、真空预压与堆载预压联合作用以及降低地下水位等。

(三)振密、挤密

振密、挤密是采用振动或挤密的方法使未饱和土密实,使地基土体孔隙比减小,强度提高,达到提高地基承载力和减小沉降的目的。它主要包括表层原位压实法、强夯法、振冲密实法、挤密砂桩法、爆破挤密法、土桩和灰土桩法。

(四)灌入固化物

灌入固化物是向土体中灌入或拌入水泥、石灰或其他化学浆材,在地基中形成增强体,以达到地基处理的目的。它主要包括深层搅拌法、高压喷射注入法、渗入性灌浆法、劈裂灌浆法、挤密灌浆法和电动化学灌浆法等。

(五)加筋法

加筋法是在地基中设置强度高的土工聚合物、拉筋、受力杆件等模量大的筋材,以达到提高地基承载力、减少沉降的目的。强度高、模量大的筋材可以是钢筋混凝土,也可以是土工格栅、土工织物等。它主要包括加筋法、土钉墙法、锚固法、树根桩法、低强度混凝土桩复合地基和钢筋混凝土桩复合地基法等。

(六)冷热处理法

冷热处理法是通过人工冷却,使地基温度低到孔隙水的冰点以下,使之冻结,从而具有理想的截水性能和较高的承载能力;或焙烧、加热地基主体改变土体物理力学性质以达到地基处理的目的。它主要包括冻结法和烧结法两种。

(七)托换

托换是指对原有建筑物地基和基础进行处理、加固或改建,在原有建筑物基础下需要修建地下工程及邻近建造新工程而影响到原有建筑物的安全等问题的技术总称。它主要包括基础加宽法、墩式托换法、桩式托换法、地基加固法及综合加固法等。

二、根据竖向增强体的桩体材料分类

(一)散体材料桩复合地基

桩体是由散体材料组成的,主要形式有碎石桩、砂桩等,复合地基的承载力主要取决于散体材料内摩擦角和周围地基土体能够提供的桩侧摩阻力。

(二)柔性桩复合地基

桩体由具有一定黏结强度的材料组成,主要形式有石灰桩、土桩、灰土桩、水泥土桩等。复合地基的承载力由桩体和桩间土共同提供,一般情况下桩体的置换作用是主要组成部分。

(三)刚性桩复合地基

桩体通常以水泥为主要胶结材料,桩身强度较高。为保证桩土共同作用,通常在桩顶设置一定厚度的褥垫层。刚性桩复合地基较散体材料桩复合地基和柔性桩复合地基具有更高的承载力与压缩模量,而且复合地基承载力具有较大的调整幅度。水泥粉煤灰碎石桩(CFG 桩)是刚性桩复合地基的桩体主要形式之一。

三、根据人工地基的广义分类

地基处理是利用物理、化学的方法,有时还采用生物的方法,对地基中的软弱土或不良土进行置换、改良(或部分改良)、加筋,形成人工地基。经过地基处理形成的人工地基大致上可以分为三类:均质地基、多层地基和复合地基。从广义上讲,桩基础也可以说是一类经过地基处理形成的人工地基。包括桩基础,通过地基处理形成的人工地基可分为均质地基、复合地基和桩基础三类。

(一)均质地基

通过土质改良或置换,全面改善地基土的物理力学性质,提高地基土抗剪强度,增大土体压缩模量,或减小土的渗透性。该类人工地基属于均质地基或多层地基。

(二)复合地基

通过在地基中设置增强体,增强体与原地基土体形成复合地基,以提高地基承载力,减少地基沉降。

(三)桩基础

通过在地基中设置桩,荷载由桩体承担,特别是端承桩,通过桩将荷载直接传递给地基中承载力大、模量高的土层。

各种天然地基和人工地基均可归属于以上三种地基。

四、其他分类

根据地基处理加固区的部位分为浅层地基处理方法、深层地基处理方法以及斜坡面土层处理方法。

根据地基处理的用途分为临时性地基处理方法和永久性地基

处理方法。

地基处理方法的严格分类是困难的,不少地基处理方法具有几种不同的作用,例如振冲法既有置换作用又有挤密作用,又如土桩和灰土桩既有挤密作用又有置换作用。另外,一些地基处理方法的加固机制及计算方法目前不是十分明确,尚需进行探讨。

地基处理方法的确定应根据结构类型、荷载大小及使用要求,结合地形地貌、地层结构、土质条件、地下水特征、环境情况和对邻近建筑物的影响等因素进行综合分析,初步选出几种地基处理方法。然后,分别从加固原理、适用范围、预期处理效果、耗用材料、施工机械、工期要求和对环境的影响等方面进行技术经济分析和对比,选择最佳的地基处理方法。

第二节　换填垫层法

当建筑物基础下的持力层比较软弱、不能满足上部结构荷载对地基的要求时,常采用换填土垫层来处理软弱地基。即将基础下一定范围内的土层挖去,然后回填以强度较大的砂、砂石或灰土等,并分层夯实至设计要求的密实程度,作为地基的持力层。换填垫层法适用于浅层地基处理,处理深度可达 $2 \sim 3$ m。在饱和软土上换填砂垫层时,砂垫层具有提高地基承载力、减小沉降量、防止冻胀和加速软土排水固结的作用。

工程实践表明,在合适的条件下,采用换填垫层法能有效地解决中小型工程的地基处理问题。其优点是可就地取材,施工方便,不需特殊的机械设备,既能缩短工期又能降低造价。因此,得到较为普遍的应用。

一、适用范围

换填垫层法适用于淤泥、淤泥质土、湿陷性黄土、素填土、杂填土地基及暗沟、暗塘等浅层软弱地基及不均匀地基的处理。

换填垫层法适用于处理各类浅层软弱地基。若在建筑范围内软弱土层较薄,则可采用全部置换处理。对于较深厚的软弱土层,当仅用垫层局部置换上层软弱土时,下卧软弱土层在荷载下的长期变形可能依然很大。例如,对较深厚的淤泥或淤泥质土类软弱地基,采用垫层仅置换上层软土后,通常可提高持力层的承载力,但不能解决由于深层土质软弱而造成地基变形量大对上部建筑物产生的有害影响;或者对于体型复杂、整体刚度差或对差异变形敏感的建筑,均不应采用浅层局部置换的处理方法。

对于建筑范围内就不存在松填土、暗沟、暗塘、古井、古墓或拆除旧基础后的坑穴,均可采用换填垫层法进行地基处理。在这种局部的换填处理中,保持建筑地基整体变形均匀是换填应遵循的最基本原则。

开挖基坑后,利用分层回填夯压,也可处理较深的软弱土层。但换填基坑开挖过深,常因地下水位高,需要采取降水措施;坑壁放坡占地面积大或边坡需要支护,则易引起邻近地面、管网、道路与建筑的沉降变形破坏;再则施工土方量大、弃土多等因素,常使处理工程费用增高、工期拖长、对环境的影响增大等。因此,换填垫层法的处理深度通常控制在 3 m 以内较为经济合理。

大面积填土产生的大范围地面负荷影响深度较深,地基压缩变形量大,变形延续时间长,与换填垫层法浅层处理地基的特点不同,因此大面积填土地基的设计施工应符合国家标准《建筑地基基础设计规范》(GB 50007—2002)的有关规定。

在用于消除黄土湿陷性时,尚应符合国家现行标准《湿陷性黄土地区建筑规范》(GB 50025—2004)中的有关规定。

换填时应根据建筑体型、结构特点、荷载性质和地质条件,并结合施工机械设备与当地材料来源等综合分析,进行换填垫层的设计,选择换填材料和夯压施工方法。

采用换填垫层法全部置换厚度不大的软弱土层,可取得良好的效果;对于轻型建筑、地坪、道路或堆场,采用换填垫层法处理上层部分软弱土时,由于传递到下卧层顶面的附加应力很小,也可取得较好的效果。但对于结构刚度差、体型复杂、荷重较大的建筑,由于附加荷载对下卧层的影响较大,如仅换填软弱土层的上部,地基仍将产生较大的变形及不均匀变形,仍有可能对建筑造成破坏。在我国东南沿海软土地区,许多工程实例的经验或教训表明,采用换填垫层时,必须考虑建筑体型、荷载分布、结构刚度等因素对建筑物的影响。对于深厚软弱土层,不应采用局部换填垫层法处理地基。对于不同特点的工程,还应分别考虑换填材料的强度、稳定性、压力扩散能力、密度、渗透性、耐久性、对环境的影响、价格、来源与消耗等。当换填量大时,尤其应首先考虑当地材料的性能及使用条件。此外,应考虑所能获得的施工机械设备类型、适用条件等综合因素,从而合理地进行换填垫层设计及选择施工方法。例如,对于承受振动荷载的地基不应选择砂垫层进行换填处理;略超过放射性标准的矿渣可以用于道路或堆场地基的换填,但不应用于建筑换填垫层处理等。

二、作用机制

(一)置换作用

将基底以下软弱土全部或部分挖出,换填为较密实的材料,可提高地基承载力,增强地基稳定。

(二)应力扩散作用

基础底面下一定厚度垫层的应力扩散作用,可减小垫层下天然土层所受的压力和附加压力,从而减小基础沉降量,并使下卧层满足承载力的要求。

(三)加速固结作用

用透水性大的材料做垫层时,软土中的水分可部分通过它排除,在建筑物施工过程中,可加速软土的固结和软土抗剪强度的提高。

(四)防止冻胀

由于垫层材料是不冻胀材料,采用换土垫层对基础地面以下可冻胀土层全部或部分置换后,可防止土的冻胀作用。

(五)均匀地基反力

对于石芽出露的山区地基,将石芽间软弱土层挖出,换填压缩性低的土料,并在石芽以上也设置垫层;对于建筑物范围内局部存在松填土、暗沟、暗塘、古井、古墓或拆除旧基础后的坑穴,可进行局部换填,保证基础底面范围内土层的压缩性和反力趋于均匀。

(六)提高地基持力层的承载力

用于置换软弱土层的材料,其抗剪程度指标常较高,因此垫层(持力层)的承载力要比置换前软弱土层的承载力高许多。

(七)减少基础的沉降量

地基持力层的压缩量中所占的比例较大,由于垫层材料的压缩性较低,因此设置垫层后总沉降量会大大减少。此外,由于垫层的应力扩散的作用,传递到垫层下方下卧层上的压力减小,也会使下卧层的压缩量减少。

因此,换填的目的就是提高承载力,增加地基强度;减少基础沉降;垫层采用透水材料可加速地基的排水固结。

三、设计

垫层设计应满足建筑地基的承载力和变形要求。首先,垫层能换除基础下直接承受建筑荷载的软弱土层,代之以能满足承载力要求的垫层;其次,荷载通过垫层的应力扩散作用,使下卧层顶面受到的压力满足小于或等于下卧层承载能力的条件;最后,基础持力层被低压缩性的垫层代换,能大大减少基础的沉降量。因此,合理确定垫层厚度是垫层设计的主要内容。通常,根据土层的情况确定需要换填的深度,对于浅层软土厚度不大的工程,应置换掉全部软土。对需换填的软弱土层,首先应根据垫层的承载力确定基础的宽度和基底压力,再根据垫层下卧层的承载力设计垫层的厚度。

垫层的设计应满足建筑物对地基承载力和变形的要求。具体来说,设计内容应包括选择垫层的厚度和宽度及垫层的密实度。

(一)垫层厚度

在工程实践中,一般取厚度 $z = 1 \sim 2$ m(为 $0.5 \sim 1.0$ 倍的基础厚度)。当厚度太小时,垫层的作用不大;若厚度太大(如在 3 m 以上),则施工不便(特别在地下水位较高时),故垫层厚度不宜大于 3 m。

垫层的厚度应根据需置换软弱土的深度或下卧土层的承载力确定,并符合下式要求:

$$p_z + p_{cz} \leq f_{az} \tag{3-1}$$

式中　p_z——相应于荷载效应标准组合时,垫层底面处的附加压力值,kPa;

　　　p_{cz}——垫层底面处土的自重压力值,kPa;

　　　f_{az}——垫层底面处经深度修正后的地基承载力特征值,kPa。

　　下卧层顶面的附加压力值可以根据双层地基理论进行计算，但这种方法仅限于条形基础均布荷载的计算条件；也可以将双层地基视做均质地基，按均质连续、各向同性、半无限直线变形体的弹性理论计算。第一种方法计算比较复杂，第二种方法的假定又与实际双层地基的状态有一定误差。最常用的是扩散角法，计算的垫层厚度虽比按弹性理论计算的结果略偏安全，但由于计算方法比较简便，易于理解又便于接受，故而在工程设计中得到了广泛的认可和使用。

　　垫层底面处的附加压力值可分别按式(3-2)和式(3-3)计算：

　　条形基础

$$p_z = \frac{b(p_k - p_c)}{b + 2z\tan\theta} \tag{3-2}$$

　　矩形基础

$$p_z = \frac{bl(p_k - p_c)}{(b + 2z\tan\theta)(l + 2z\tan\theta)} \tag{3-3}$$

式中　b——矩形基础或条形基础底面的宽度，m；

　　　　l——矩形基础底面的长度，m；

　　　　p_k——相应于荷载效应标准组合时，基础底面处的平均压力值，kPa；

　　　　p_c——基础底面处土的自重压力值，kPa；

　　　　z——基础底面下垫层的厚度，m；

　　　　θ——垫层的压力扩散角，(°)，宜通过试验确定，当无试验资料时，可按表3-1采用。

　　压力扩散角应根据垫层材料及下卧层的力学特性差异而定，可按双层地基的条件来考虑。四川及天津曾先后对上硬下软的双层地基进行了现场载荷试验及大量模型试验，通过实测软弱下卧层顶面的压力反算上部垫层的压力扩散角。

表 3-1　　压力扩散角 θ

z/b	换填材料		
	中砂、粗砂、砾砂、圆砾、角砾、石屑、卵石、碎石、矿渣	粉质黏土、粉煤土	灰土
0.25	20°	6°	28°
≥0.50	30°	23°	

注:1. 当 $z/b<0.25$ 时,除灰土取 $\theta=28°$ 外,其余材料均取 $\theta=0°$,必要时,宜由试验确定;

2. 当 $0.25<z/b<0.5$ 时,θ 值可通过内插求得。

根据模型试验实测压力,在垫层厚度等于基础宽度时,计算的压力扩散角 θ 均小于 30°,而直观破裂角为 30°。同时,对照耶戈洛夫双层地基应力理论计算值,在较安全的条件下,验算下卧层承载力的垫层破坏的扩散角与实测土的破裂角相当。因此,采用理论计算值时,扩散角 θ 最大取 30°。对于 θ 小于 30° 的情况,以理论计算值为基础,求出不同垫层厚度时的扩散角 θ。

根据有关垫层试验,中砂、粗砂、砾砂、石屑的变形模量均在 30~45 MPa 的范围,卵石、碎石的变形模量可达 35~80 MPa,而矿渣的变形模量则可达 35~70 MPa。这类粗颗粒垫层材料与下卧的软弱土层相比,其变形模量比值均接近或大于 10,扩散角最大取 30°;而对于其他常做换填材料的细粒土或粉煤灰垫层,碾压后变形模量可达 13~20 MPa,与粉质黏土垫层类似,该类垫层材料的变形模量与下卧较软土层的变形模量比值显著小于粗粒土垫层的比值,则可以较安全地按 3 考虑,同时按理论值计算出扩散角 θ 值。灰土垫层则根据中国建筑科学研究院的试验及实践经验,按一定压实要求的 3:7 或 2:8 灰土 28 d 强度考虑,取 θ 为 28°。

换填垫层的厚度不宜小于 0.5 m,也不宜大于 3 m。

(二)垫层宽度

垫层宽度的确定应从两方面考虑:一方面要满足应力扩散角的要求,另一方面要有足够的宽度防止砂垫层向两侧挤出。如果垫层两侧的填土质量较好,具有抵抗水平向附加应力的能力,侧向变形小,则垫层的宽度主要由压力扩散角考虑。

确定垫层宽度时,除应满足应力扩散的要求外,还应考虑垫层应有足够的宽度及侧面土的强度条件,防止垫层材料向侧边挤出而增大垫层的竖向变形量。最常用的方法依然是按扩散角法计算垫层宽度,或根据当地经验取值。当 $z/b > 0.5$ 时,垫层厚度较大,按扩散角确定垫层的底宽较宽,而按垫层底面应力计算值分布的应力等值线在垫层底面处的实际分布较窄。当两者差别较大时,也可根据应力等值线的形状将垫层剖面做成倒梯形,以节省换填的工程量。当基础荷载较大,或对沉降要求较高,或垫层侧边土的承载力较差时,垫层宽度可适当加大。在筏板基础、箱型基础或宽大独立基础下采用换填垫层时,对于垫层厚度小于 0.25 倍基础宽度的条件,计算垫层的宽度仍应考虑压力扩散角的要求。

垫层底面的宽度应满足基础底面应力扩散的要求,可按下式确定:

$$b' \geqslant b + 2z\tan\theta \tag{3-4}$$

式中　b'——垫层底面宽度,m;

　　　θ——压力扩散角,可按表 3-1 查用,当 $z/b < 0.25$ 时,仍按表中 $z/b = 0.25$ 取值。

(三)垫层的承载力

经换填处理后的地基,由于理论计算方法尚不够完善,或由于较难选取有代表性的计算参数等原因,而难以通过计算准确确定地基承载力,所以换填垫层处理的地基承载力宜通过试验,尤其是通过现场原位试验确定。对于按现行的国家标准《建筑地基基础设计规范》(GB 50007—2002)划分安全等级为三级的建筑物及一般不太重要的、小型、轻型或对沉降要求不高的工程,当无试验资料或无经验时,在施工达到要求的压实标准后,可以参考表3-2所列的承载力特征值取用。

表3-2　垫层的承载力

换填材料	承载力特征值 f_{ak} (kPa)
碎石、卵石	200 ~ 300
砂夹石(其中碎石、卵石占全重的 30% ~ 50%)	200 ~ 250
土夹石(其中碎石、卵石占全重的 30% ~ 50%)	150 ~ 200
中砂、粗砂、砾砂、圆砾、角砾	150 ~ 200
粉质黏土	130 ~ 180
石屑	120 ~ 150
灰土	200 ~ 250
粉煤灰	120 ~ 150
矿渣	200 ~ 300

注: 压实系数小的垫层,承载力特征值取低值,反之取高值;原状矿渣垫层取低值,分级矿渣或混合矿渣垫层取高值。

(四)垫层地基的变形

我国软黏土分布地区的大量建筑物沉降观测及工程经验表明,采用换填垫层进行局部处理后,往往由于软弱下卧层的变形,建筑物地基仍将产生过大的沉降量及差异沉降量。因此,应按现行的国家标准《建筑地基基础设计规范》(GB 50007—2002)中的变形计算方法进行建筑物的沉降计算,以保证地基处理效果及建筑物的安全使用。

粗粒换填材料的垫层在施工期间垫层自身的压缩变形已基本

完成,且量值很小。因而对于碎石、卵石、砂夹石、砂和矿渣垫层,在地基变形计算中,可以忽略垫层自身部分的变形值;但对于细粒材料的尤其是厚度较大的换填垫层,则应计入垫层自身的变形。有关垫层的模量应根据试验或当地经验确定。当无试验资料或无经验时,可参照表3-3 选用。

表3-3　　垫层模量

（单位:MPa）

垫层材料	压缩模量 E_s	变形模量 E_0
粉煤灰	8 ~ 20	
砂	20 ~ 30	
碎石、卵石	30 ~ 50	
矿渣		35 ~ 70

注:压实矿渣的 E_0/E_s 比值可按 1.5 ~ 3 取用。

　　下卧层顶面承受换填材料本身的压力超过原天然土层压力较多的工程,地基下卧层将产生较大的变形。如工程条件许可,宜尽早换填,以使由此引起的大部分地基变形在上部结构施工前完成。

(五)垫层材料

1. 砂石

　　砂石宜选用碎石、卵石、角砾、圆砾、砾砂、粗砂、中砂或石屑(粒径小于 2 mm 的部分不应超过总重的 45%),应级配良好,不含植物残体、垃圾等杂质。

　　当使用粉细砂或石粉(粒径小于 0.075 mm 的部分不应超过总重的 9%)时,应掺入不少于总重 30% 的碎石或卵石使其颗粒不均匀系数不小于 5,并拌和均匀后方可用于铺填垫层。砂石的最大粒径不宜大于 50 mm。

石屑是采石场筛选碎石后的细粒废弃物,其性质接近于砂,在各地使用作为换填材料时,均取得了很好的成效。但应控制好含泥量及含粉量,才能保证垫层的质量。

对于湿陷性黄土地基,不得选用砂石等渗水材料。

2. 粉质黏土

粉质黏土土料中有机质含量不得超过 5%,亦不得含有冻土或膨胀土。当含有碎石时,其粒径不宜大于 50 mm。用于湿陷性黄土地基或膨胀土地基的粉质黏土垫层,土料中不得夹有砖、瓦和石块。

黏土及粉土均难以夯压密实,故换填时均应避免作为换填材料。在不得不选用上述土料回填时,也应掺入不少于 30% 的砂石并拌和均匀后使用。当采用粉质黏土大面积换填并使用大型机械夯压时,土料中的碎石粒径可稍大于 50 mm,但不宜大于 100 mm,否则将影响垫层的夯压效果。

3. 灰土

灰土的体积配合比宜为 2:8 或 3:7。土料宜用粉质黏土,不得使用块状黏土和砂质粉土,不得含有松软杂质,并应过筛,其颗粒粒径不得大于 15 mm。石灰宜用新鲜的消石灰,其颗粒粒径不得大于 5 mm。

灰土强度随土料中黏粒含量的增加而加大,塑性指数小于 4 的粉土中黏粒含量太少,不能达到提高灰土强度的目的,因而不能用于拌和灰土。灰土所用的消石灰应符合 Ⅲ 级以上标准,储存期不超过 3 个月,所含活性 CaO 和 MgO 越高则胶结力越强。通常,灰土的最佳含灰率为 $CaO + MgO$ 约达总量的 8%。石灰应消解 3~4 d 并筛除生石灰块后使用。

4. 粉煤灰

粉煤灰可用于道路、堆场和小型建筑物及构筑物等的换填垫层。粉煤灰垫层上宜覆土 0.3~0.5 m。粉煤灰垫层中采用掺加剂时,应通过试验确定其性能及适用条件。作为建筑物垫层的粉煤灰应符合有关放射性安全标准的要求。粉煤灰垫层中的金属构件、管网宜采取适当防腐措施。大量填筑粉煤灰时应考虑对地下水和土壤的环境影响。

粉煤灰可分为湿排灰和调湿灰。按其燃烧后形成玻璃体的粒径分析,应属粉土的范畴。但由于含有 CaO、SO_3 等成分,具有一定的活性,当与水作用时,因具有胶凝作用的火山灰反应,使粉煤灰垫层逐渐获得一定的强度与刚度,有效地改善了垫层地基的承载能力及减小变形的能力。不同于抗地震液化能力较低的粉土或粉砂,由于粉煤灰具有一定的胶凝作用,在压实系数大于 0.9 时,即可以抵抗 7 度地震液化。用于发电的燃煤常伴生有微量放射性同位素,因而粉煤灰有时会有弱放射性。作为建筑物垫层的粉煤灰,应以国家标准《掺工业废渣建筑材料产品放射性物质控制标准》(GB 9196—1988)及《放射卫生防护基本标准》(GB 4792—1984)的有关规定作为安全使用的标准。粉煤灰含碱性物质,回填后碱性成分在地下水中溶出,使地下水具弱碱性,因此应考虑其对地下水的影响并应对粉煤灰垫层中的金属构件、管网采取一定的防护措施。粉煤灰垫层上宜覆盖 0.3~0.5 m 厚的黏性土,以防干灰飞扬,同时减少碱性对植物生长的不利影响,有利于环境绿化。

5. 矿渣

垫层使用的矿渣是指高炉重矿渣,可分为分级矿渣、混合矿渣及原状矿渣。矿渣垫层主要用于堆场、道路和地坪,也可用于小型建筑物、构筑物地基。选用矿渣的松散重度不小于 11 kN/m^3,有机质及含泥总量不超过 5%。设计、施工前必须对选用的矿渣进行试验,在确认其性能稳定并符合安全规定后方可使用。作为建筑物垫层的矿渣应符合对放射性安全标准的要求。易受酸、碱影响的基础或地下管网不得采用矿渣垫层。大量填筑矿渣时,应考虑对地下水和土壤的环境影响。

矿渣的稳定性是其是否适用于做换填垫层材料的最主要性能指标,冶金部试验结果证明,当矿渣中 CaO 的含量小于 45% 及 FeS 与 MnS 的含量约为 1% 时,矿渣不会产生硅酸盐分解和铁锰分解,排渣时不浇石灰水,矿渣也就不会产生石灰分解,则该类矿渣性能稳定,可用于换填。对中、小型垫层可选用 8 ~ 40 mm 与 40 ~ 60 mm 的分级矿渣或 0 ~ 60 mm 的混合矿渣;较大面积换填时,矿渣最大粒径不宜大于 200 mm 或大于分层铺填厚度的 2/3。与粉煤灰相同,对用于换填垫层的矿渣,同样要考虑放射性对地下水、环境的影响及对金属管网、构件的影响。

6. 其他工业废渣

在有可靠试验结果或成功工程经验时,对质地坚硬、性能稳定、无腐蚀性和放射性危害的工业废渣等均可用于填筑换填垫层。被选用工业废渣的粒径、级配和施工工艺等应通过试验确定。

7. 土工合成材料

由分层敷设的土工合成材料与地基土构成加筋垫层。所用土工合成材料的品种与性能及填料的土类应根据工程特性和地基土条件,按照现行国家标准《土工合成材料应用技术规范》(GB 50290—98)的要求,通过设计并进行现场试验后确定。

土工合成材料是近年来随着化学合成工业的发展而迅速发展起来的一种新型土工材料,主要将涤纶、尼龙、腈纶、丙纶等高分子化合物,根据工程的需要,加工成具有弹性、柔性、高抗拉强度、低伸长率、透水、隔水、反滤性、抗腐蚀性、抗老化性和耐久性的各种类型的产品。如各种土工格栅、土工格室、土工垫、土工网格、土工膜、土工织物、塑料排水带及其他土工复合材料等。由于这些材料的优异性能及广泛的适用性受到工程界的重视,被迅速推广应用于河、海岸护坡,堤坝,公路,铁路,港口,堆场,建筑,矿山,电力等领域的岩土工程中,取得了良好的工程效果和经济效益。

用于换填垫层的土工合成材料,在垫层中主要起加筋作用,以提高地基土的抗拉强度和抗剪强度,防止垫层被拉断裂和剪切破坏,保持垫层的完整性,提高垫层的抗弯刚度。因此,利用土工合成材料加筋的垫层有效地改变了天然地基的性状,增大了压力扩散角,降低了下卧天然地基表面的压力,约束了地基侧向变形,调整了地基不均匀变形,增大了地基的稳定性并提高了地基的承载力。由于土工合成材料的上述特点,将它用于软弱黏性土、泥炭、沼泽地区修建道路及堆场等取得了较好的成效,同时在部分建筑物、构筑物的加筋垫层中应用,也得到了肯定的效果。

理论分析、室内试验及工程实测的结果证明采用土工合成材料加筋垫层的作用机制为:

(1)扩散应力,加筋垫层刚度较大,增大了压力扩散角,有利于上部荷载扩散,降低垫层底面压力。

(2)调整不均匀沉降,由于加筋垫层的作用,加大了压缩层范围内地基的整体刚度,均化传递到下卧土层上的压力,有利于调整基础的不均匀沉降。

(3)增大地基稳定性,由于加筋垫层的约束,整体上限制了地基土的剪切、侧向挤出及隆起。

采用土工合成材料加筋垫层时,应根据工程荷载的特点,对变形、稳定性的要求和地基土的工程性质,地下水性质及土工合成材料的工作环境等,选择土工合成材料的类型、布置形式及填料品种,主要包括以下几个方面:

（1）确定所需土工合成材料的类型、物理性质和主要的力学性质,如允许抗拉强度及相应的伸长率、耐久性与抗腐性等。

（2）确定土工合成材料在垫层中的布置形式、间距及端部的固定方式。

（3）选择适用的填料与施工方法等。

此外,要通过验证保证土工合成材料在垫层中不被拉断和拔出失效。同时,要检验垫层地基的强度和变形以确保满足设计要求。最后,通过载荷试验确定垫层地基的承载能力。

土工合成材料的耐久性与老化问题在工程界备受关注。由于土工合成材料引入我国为时尚短,仅在江苏使用了十几年,未见在工程中老化而影响耐久性。英国已有近100年的使用历史,效果较好。导致土工合成材料老化有三个主要因素:紫外线照射、60~80 ℃的高温与氧化。在岩土工程中,由于土工合成材料埋在地下的土层中,上述三个影响因素皆极微弱,故土工合成材料均能满足常规建筑工程中的耐久性需要。

作为加筋的土工合成材料应采用抗拉强度较高,受力时伸长率不大于4% ~5%,耐久性好,抗腐蚀的土工格栅、土工格室、土工垫或土工织物等土工合成材料;垫层填料宜用碎石、角砾、砾砂、粗砂、中砂或粉质黏土等材料。当工程要求垫层具有排水功能时,垫层材料应具有良好的透水性。

在加筋土垫层中,主要由土工合成材料承受大的拉应力,所以要求选用高强度、低徐变性的材料,在承受工作应力时的伸长率不宜大于4% ~5%,以保证垫层及下卧层土体的稳定性。在软弱土层中采用土工合成材料加筋垫层,由土工合成材料承受上部荷载产生的应力远高于软弱土层中的应力,因此一旦由于土工合成材料超过极限强度产生破坏,随之荷载转移而由软弱土承受全部外荷载,势将大大超过软弱土的极限强度,从而导致地基的整体破坏。结果,地基可能失稳而引起上部建筑产生迅速与大量的沉降,并使建筑结构造成严重的破坏。因此,用于加筋垫层中的土工合成材料必须留有足够的安全系数,而绝不能使其受力后的强度等参数处于临界状态,以免导致严重的后果。同时,应充分考虑因垫层结构的破坏对建筑安全的影响。

在软土地基上使用加筋垫层时,应保证建筑稳定并满足允许变形的要求。

(六)垫层的压实标准

各种垫层的压实标准可按表3-4选用。

表3-4　各种垫层的压实标准

施工方法	换填材料类别	压实系数 λ_c
碾压、振密或夯实	碎石、卵石	0.94 ~ 0.97
	砂夹石(其中碎石、卵石占全重的30% ~ 50%)	
	土夹石(其中碎石、卵石占全重的30% ~ 50%)	
	中砂、粗砂、砾砂、角砾、圆砾、石屑	
	粉质黏土	
	灰土	0.95
	粉煤灰	0.90 ~ 0.95

注:1. 压实系数 λ_c 为土的控制干密度 ρ_d 与最大干密度 ρ_{dmax} 的比值;土的最大干密度宜采用击实试验确定,碎石或卵石的最大干密度可取 2.0 ~ 2.2 t/m^3。

　 2. 当采用轻型击实试验时,压实系数 λ_c 宜取高值;采用重型击实试验时,压实系数 λ_c 宜取低值。

　 3. 矿渣垫层的压实指标为最后两遍压实的压陷差小于 2 mm。

对于工程量较大的换填垫层,应按所选用的施工机械、换填材料及场地的土质条件进行现场试验,以确定压实效果。

四、施工

换土垫层适用于淤泥、淤泥质土、湿陷性黄土、素填土、杂填土地基及暗沟、暗塘等的浅层处理。施工时将基底下一定深度的软土层挖除，分层回填砂、碎石、灰土等强度较大的材料，并加以夯实振密。回填材料有多种，但其作用和计算原理基本相同。换土垫层是一种较简易的浅层地基处理方法，并已得到广泛的应用，处理地基时，宜优先考虑此法。换土可用于简单的基坑、基槽，也可用以满堂式置换。砂和砂石垫层作用明确，设计方便，但其承载力在相当程度上取决于施工质量，因此必须精心施工。

(一)施工机械

垫层施工应根据不同的换填材料选择施工机械。粉质黏土、灰土宜采用平碾、振动碾或羊足碾；中小型工程也可采用蛙式夯、柴油夯；砂石等宜用振动碾；粉煤灰宜采用平碾、振动碾、平板式振动器、蛙式夯；矿渣宜采用平板式振动器或平碾，也可采用振动碾。

(二)施工方法

垫层的施工方法、分层铺填厚度、每层压实遍数等宜通过试验确定。除接触下卧软土层的垫层底部应根据施工机械设备及下卧层土质条件确定厚度外，一般情况下，垫层的分层铺填厚度可取200~300 mm。为保证分层压实质量，应控制机械碾压速度。

换填垫层的施工参数应根据垫层材料、施工机械设备及设计要求等通过现场试验确定，以获得最佳夯压效果。在不具备试验条件的场合，也可参照建工工程的经验数值，按表3-5选用。对于存在软弱下卧层的垫层，应针对不同施工机械设备的重量、碾压强度、振动力等因素，确定垫层底层的铺填厚度，使既能满足该层的压密条件，又能防止破坏及扰动下卧软弱土的结构。

表 3-5　垫层的每层铺填厚度及压实遍数

施工设备	每层铺填厚度(m)	每层压实遍数
平碾(8~12 t)	0.2~0.3	6~8(矿渣 10~12)
羊足碾(5~16 t)	0.2~0.35	8~16
蛙式夯(200 kg)	0.2~0.25	3~4
振动碾(8~15 t)	0.6~1.3	6~8
插入式振动器	0.2~0.5	
平板式振动器	0.15~0.25	

(三)最优含水量

粉质黏土和灰土垫层土料的施工含水量宜控制在最优含水量 $\omega_{op}\pm2\%$ 的范围内,粉煤灰垫层的施工含水量宜控制在 $\omega_{op}\pm4\%$ 的范围内。最优含水量可通过击实试验确定,也可按当地经验取用。

为获得最佳夯压效果,宜采用垫层材料的最优含水量 ω_{op} 作为施工控制含水量。对于粉质黏土和灰土,现场可控制在最优含水量 $\omega_{op}\pm2\%$ 的范围内;当使用振动碾碾压时,可适当放宽下限范围值,即控制在最优含水量 ω_{op} 的 $-6\%\sim+2\%$ 范围内。最优含水量可按现行国家标准《土工试验方法标准》(GB/T 50123—1999)中轻型击实试验的要求求得。在缺乏试验资料时,也可近似取 0.6 倍液限值,或按照经验采用塑限 $\omega_P\pm2\%$ 的范围值作为施工含水量的控制值。粉煤灰垫层不应采用浸水饱和施工法,其施工含水量应控制在最优含水量 $\omega_{op}\pm4\%$ 的范围内。若土料湿度过大或过小,应分别予以晾晒、翻松、掺加吸水材料或洒水湿润以调整土料的含水量。对于砂石料,则可根据施工方法不同按经验控制适宜的施工含水量,即当用平板式振动器时可取 15% ~ 20%,当用平碾或蛙式夯时可取 8% ~ 12%,当用插入式振动器时宜为饱和。对于碎石及卵石,应充分浇水湿透后夯压。

(四)不均匀沉降的处理

当垫层底部存在古井、古墓、洞穴、旧基础、暗塘等软硬不均的部位时,应根据建筑对不均匀沉降的要求予以处理,并经检验合格后,方可铺填垫层。

对垫层底部的下卧层中存在的软硬不均点,要根据其对垫层稳定及建筑物安全的影响确定处理方法。对于不均匀沉降要求不高的一般性建筑,当下卧层中不均点范围小、埋藏很深、处于地基压缩层范围以外,且四周土层稳定时,对该不均点可不作处理;否则,应予以挖除并根据与周围土质及密实度均匀一致的原则分层回填并夯压密实,以防止下卧层的不均匀变形对垫层及上部建筑产生危害。

(五)基坑开挖及排水

基坑开挖时应避免坑底土层受扰动,可保留约 200 mm 厚的土层暂不挖去,待铺填垫层前再挖至设计标高。严禁扰动垫层下的软弱土层,防止它被践踏、受冻或受水浸泡。在碎石或卵石垫层底部宜设置 150 ~ 300 mm 厚的砂垫层或铺一层土工织物,以防止软弱土层表面的局部破坏,同时必须防止基坑边坡坍落土混入垫层。

垫层下卧层为软弱土层时,因其具有一定的结构强度,一旦被扰动则强度大大降低,变形大量增加,将影响到垫层及建筑的安全使用。通常的做法是,开挖基坑时应预留厚约 200 mm 的保护层,待做好铺填垫层的准备后,对保护层挖一段随即用换填材料铺填一段,直到完成全部垫层,以保护下卧土层的结构不被破坏。按浙江、江苏、天津等地的习惯做法,在软弱下卧层顶面设置厚 150~300 mm 的砂垫层,防止粗粒换填材料挤入下卧层时破坏其结构。

换填垫层施工应注意基坑排水,除采用水撼法施工砂垫层外,不得在浸水条件下施工,必要时应采取降低地下水位的措施。

(六)垫层搭接

垫层底面宜设在同一标高上,如深度不同,基坑底土面应挖成阶梯或斜坡搭接,并按先深后浅的顺序进行垫层施工,搭接处应夯压密实。

粉质黏土及灰土垫层分段施工时,不得在柱基、墙角及承重窗间墙下接缝。上下两层的缝距不得小于 500 mm。接缝处应夯压密实。灰土应拌和均匀并应当日铺填夯压。灰土夯压密实后 3 d 内不得受水浸泡。粉煤灰垫层铺填后宜当天压实,每层验收后应及时铺填上层或封层,防止干燥后松散起尘污染,同时应禁止车辆碾压通行。

为保证灰土施工控制的含水量不致变化,拌和均匀后的灰土应在当日使用。灰土夯实后,在短时间内水稳性及硬化均较差,易受水浸而膨胀疏松,影响灰土的夯压质量。粉煤灰分层碾压验收后,应及时铺填上层或封层,防止干燥或扰动使碾压层松胀、密实度下降及扬起粉尘污染。

在同一栋建筑下,应尽量保持垫层厚度相同;对于厚度不同的垫层,应防止垫层厚度突变;在垫层较深部位施工时,应注意控制该部位的压实系数,以防止或减少由于地基处理厚度不同所引起的差异变形。

(七)土工合成材料敷设

敷设土工合成材料时,下铺地基土层顶面应平整,防止土工合成材料被刺穿、顶破。敷设时应把土工合成材料张拉平直、绷紧,严禁有褶皱;端头应固定或回折锚固;切忌暴晒或裸露;连接宜用搭接法、缝接法和胶结法,并均应保证主要受力方向的连接强度不低于所采用材料的抗拉强度。

敷设土工合成材料时应注意均匀平整,且保持一定的松紧度,以使其在工作状态下受力均匀,并避免被块石、树根等刺穿或顶破,引起局部的应力集中。用于加筋垫层中的土工合成材料,因工作时要受到很大的拉应力,故其端头一定要埋设固定好,通常是在端部位置挖地沟,将合成材料的端头埋入沟内上覆土压住固定,以防止端头受力后被拔出。敷设土工合成材料时,应避免长时间暴晒或暴露,一般施工宜连续进行,暴露时间不宜超过48 h,并注意掩盖,以免材质老化、降低强度及耐久性。

(八)施工注意事项

(1)砂垫层的材料必须具有良好的振实加密性能。

颗粒级配的不均匀系数不能小于5,且宜采用砾砂、粗砂和中砂。当只用细砂时,宜同时均匀掺入一定数量的碎石或卵石(粒径不宜大于50 mm)。人工级配的砂石垫层,应先将砂石按比例拌和均匀后,再进行铺填加密。砂和砂石垫层材料的含泥量不应超过5%。作为提供排水边界作用的砂垫层,其含泥量不宜超过3%。

(2)在地下水位以下施工时,应采取降低地下水位的措施,使基坑保持无水状态。

碎石垫层的底面最好先垫一层砂,然后分层铺填碎石。当因垫层下方土质差异而使垫层底面标高不一时,基坑(槽)底宜挖成阶梯形,施工时按先深后浅的顺序进行,并应注意搭接处的质量。

(3)砂垫层施工的关键是将砂石材料振实加密到设计要求的密实度(如达到中密)。

如果要求进一步提高砂垫层的质量,则宜加大机械的功率。目前,砂垫层的施工方法有振实法、水撼法、夯石法、碾压法等多种,可根据砂石材料、地质条件、施工设备等条件选用。施工时应分层铺筑,在下层的密实度经检验达到合格要求后,方可进行上层施工。砂垫层施工时的含水量对压实效果影响很大,含水量很低的砂土,碾压效果往往不好;对浸没于水中的砂,效果也差,而以润湿到饱和状态时效果最好。

五、质量检验

(一)检验方法

粉质黏土、灰土、粉煤灰和砂石垫层的施工质量可用环刀法、贯入仪、静力触探、轻型动力触探或标准贯入试验检验;砂石、矿渣垫层可用重型动力触探检验,并均应通过现场试验以设计压实系数所对应的贯入度为标准检验垫层的施工质量。压实系数也可采用环刀法、灌砂法、灌水法或其他方法检验。

垫层的施工质量检验可利用贯入仪、轻型动力触探或标准贯入试验检验。必须首先通过现场试验,在达到设计要求压实系数的垫层试验区内,利用贯入试验测得标准的贯入深度或击数,然后以此作为控制施工压实系数的标准,进行施工质量检验。检验砂垫层使用的环刀容积不应小于 $200\ cm^3$,以减少其偶然误差。粗粒土垫层的施工质量检验,可设置纯砂检验点,按环刀取样法检验,或采用灌水法、灌砂法进行检验。

1. 环刀取样法

在捣实后的砂垫层中用容积不小于 $2 \times 10^5\ mm^3$ 的环刀取样,测定其干密度,并以不小于该砂料在中密状态时的干密度(单位体积干土的质量)为合格。中砂在中密状态时的干密度,一般可按 $1.55 \sim 1.6\ t/m^3$ 考虑。对砂石垫层的质量检查,取样时的容积应足够大,且其干密度应提高。如在砂石垫层中设置纯砂检验点,则在同样的施工条件下,可按上述砂垫层方法检测。

2. 贯入测定法

采用贯入仪、钢筋或钢叉的贯入度大小来检查砂垫层的质量时,应预先进行干密度和贯入度的对比试验。如检查测定的贯入度小于试验所确定的贯入度,则为合格。进行钢筋贯入测定时,将直径为 20 mm、长度在 1.25 m 以上的平头钢筋,在砂层面以上 700 mm 处自由落下,其贯入度应根据该砂的控制干密度试验确定。进行钢叉贯入测定时,用水撼法施工所使用的钢叉,在离砂层面 0.5 m 的高处自由落下,并按试验所确定的贯入度作为控制标准。

(二)检验数量

采用环刀法检验垫层的施工质量时,取样点应位于每层厚度的 2/3 深度处。检验点数量:对于大基坑,每 50 ~ 100 m² 不应少于 1 个检验点;对于基槽,每 10 ~ 20 m 不应少于 1 个检验点;每个独立柱基不应少于 1 个检验点。采用贯入仪或动力触探检验垫层的施工质量时,每分层检验点的间距应小于 4 m。

垫层施工质量检验点的数量因各地土质条件和经验的不同而不同。对于大基坑,较多采用每 50 ~ 100 m² 不少于 1 个检验点,或每 100 m² 不少于 2 个检验点。

垫层的施工质量检验必须分层进行,应在每层的压实系数符合设计要求后铺填上层土。

(三)竣工验收

竣工验收采用载荷试验检验垫层承载力时,每个单体工程不宜少于 3 个检验点;对于大型工程,则应按单体工程的数量或工程的面积确定检验点数。

竣工验收宜采用载荷试验检验垫层质量,为保证载荷试验的有效影响深度不小于换填垫层处理的厚度,载荷试验压板的边长或直径不应小于垫层厚度的 1/3。

第三节 振冲法

振冲法又称振动水冲法,是以起重机吊起振动器,启动潜水电机带动偏心块,使振动器产生高频振动,同时启动水泵,通过喷嘴喷射高压水流,在边振边冲的共同作用下,将振动器沉到土中的预定深度,经清孔后,从地面向孔内逐段填入碎石,使其在振动作用下被挤密实,达到要求的密实度后即可提升振动器,如此反复直至地面,在地基中形成一个大直径的密实桩体与原地基构成复合地基,提高地基承载力,减少沉降,是一种快速、经济有效的加固方法。

通过振冲器产生水平方向振动力,振挤填料及周围土体,达到提高地基承载力、减少沉降量、增加地基稳定性、提高抗地震液化能力。

德国在 20 世纪 30 年代首先用此法振密砂土地基。近年来,振冲法已用于黏性土中。

一、适用范围

振冲法大致分为振冲挤密碎石桩和振冲置换碎石桩两类。

(一)振冲挤密碎石桩

振冲挤密碎石桩适用于处理砂类土,从粉细砂到含砾粗砂,粒径小于 0.005 mm 的黏粒不超过 10%,可得到显著的挤密效果。

(二)振冲置换碎石桩

振冲置换碎石桩适用于处理不排水抗剪强度不小于 20 kPa 的黏性土、粉土、饱和黄土和人工填土等地基。

二、作用机制

振冲法对不同性质的土层分别具有置换、挤密和振动密实的作用。对黏性土主要起到置换作用,对中细砂和粉土除置换作用外还有振实挤密作用。在以上各种土中施工,都要在振冲孔内加填碎石(或卵石等)回填料,制成密实的振冲桩,而桩间土则受到不同程度的挤密和振实。桩和桩间土构成复合地基,使地基承载力提高,变形减少,并可消除土层的液化。

在中、粗砂层中振冲,由于周围砂料能自行塌入孔内,也可以采用不加填料进行原地振冲加密的方法。这种方法适用于较纯净的中、粗砂层,施工简便,加密效果好。

三、设计

振冲法处理设计目前还处在半理论半经验状态,这是因为一些计算方法都还不够成熟,某些设计参数也只能凭工程经验选定。因此,对大型的、重要的或场地地层复杂的工程,在正式施工前应通过现场试验确定其适用性。

(一)加固范围及布桩形式

散体材料桩复合地基应在轮廓线以外设置保护桩。

碎石桩复合地基的桩体布置范围应根据建筑物的重要性和场地条件确定,常依基础形式而定:筏板基础、交叉条基、柔性基础应在轮廓线内满堂布置,轮廓线外设2~3排保护桩;其他基础应在轮廓线外设1~2排保护桩。

布桩形式对大面积满堂布置,宜采用等边三角形梅花布置;对独立柱基、条形基础等,宜采用正方形、矩形布置(见图3-1)。

(二)桩长

桩长按照以下原则确定:

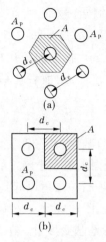

图 3-1　布桩形式

（1）当相对硬层埋深不大时,应按相对硬层埋深确定。

（2）当相对硬层埋深较大时,按建筑物地基变形允许值确定。

（3）在可液化地基中,应按要求的抗震处理深度确定。

（4）桩长不宜小于 4 m。与桩体破坏特性有关,防止刺入破坏。

（三）桩径、桩距

桩径与振冲器功率、碎（卵）石粒径、土的抗剪强度和施工质量有关。振冲桩直径通常为 0.8 ~ 1.2 m,可按每根桩所用填料量计算。

桩距与土的抗剪强度指标及上部结构荷载有关,并结合所采用的振冲器功率大小综合考虑。30 kW 振冲器布桩间距可采用 1.3 ~ 2.0 m,55 kW 振冲器布桩间距可采用 1.4 ~ 2.5 m,75 kW 振冲器布桩间距可采用 1.5 ~ 3.0 m。荷载小或对于砂土宜采用较大的间距。

不加填料振冲加密孔间距视砂土的颗粒组成、密实要求、振冲器功率等因素而定,砂的粒径越细,密实要求越高,则间距越小。使用 30 kW 振冲器,间距一般为 1.8 ~ 2.5 m;使用 75 kW 振冲器,间距可加大到 2.5 ~ 3.5 m。振冲加密孔布孔宜用等边三角形或正方形,对大面积挤密处理,用前者比后者可得到更好的挤密效果。

(四)碎石垫层

在桩顶和基础之间宜敷设一层 300 ~ 500 mm 厚的碎石垫层。碎石垫层起水平排水的作用,有利于施工后土层加快固结,更大的作用在碎石桩顶部采用碎石垫层可以起到明显的应力扩散作用,降低碎石桩和桩周围土的附加应力,减少碎石桩侧向变形,从而提高复合地基承载力,减少地基变形量。在大面积振冲处理的地基中,如局部基础下有较薄的软土,应考虑加大垫层厚度。

(五)桩体材料

桩体材料可用含泥量不大于 5% 的碎石、卵石、矿渣或其他性能稳定的硬质材料,不宜使用风化宜碎的石料。常用的填料粒径为:30 kW 振冲器,20 ~ 80 mm;55 kW 振冲器,30 ~ 100 mm;75 kW 振冲器,40 ~ 150 mm。填料的作用:一方面是填充在振冲器上拔后在土中留下的孔洞;另一方面是利用其作为传力介质,在振冲器的水平振动下通过连续加填料将桩间土进一步振挤加密。

(六)复合地基承载力特征值

(1)重大工程和有条件的中小型工程,原则上由现场复合地基载荷试验确定。

(2)初步设计时也可用单桩和处理后桩间土的承载力特征值按下式估算:

$$f_{spk} = mf_{pk} + (1 - m)f_{sk} \tag{3-5}$$

$$m = d^2/d_e^2 \tag{3-6}$$

式中　f_{spk}——振冲桩复合地基承载力特征值,kPa;

f_{pk}——桩体承载力标准值,kPa,宜通过单桩载荷试验确定;

f_{sk}——处理后桩间土承载力标准值,kPa,宜按当地经验取

　　值,当无经验时,可取天然地基承载力特征值;

m——桩土面积置换率;

d——桩身平均直径,m;

d_e——1 根桩分担的处理地基面积的等效圆直径。

等边三角形布桩:　　　　$d_e = 1.05S$

正方形布桩:　　　　　　$d_e = 1.13S$

矩形布桩:　　　　　　　$d_e = 1.13\sqrt{S_1 S_2}$

式中　S、S_1、S_2——桩间距、纵向间距、横向间距。

(3)对小型工程的黏性土地基,若无现场载荷试验资料,初步设计时复合地基承载力特征值也可按下式估算:

$$f_{spk} = [1 + m(n-1)] f_{sk} \qquad (3\text{-}7)$$

式中　n——桩土应力比,在无实测资料时,可取 2~4,原土强度

　　低取大值,原土强度高取小值。

实测的桩土应力比参见表 3-6,由该表可见,n 值多数为 2~5,建议桩土应力比可取 2~4。

表 3-6　实测桩土应力比

序号	工程名称	主要土层	n	
			范围	均值
1	江苏连云港临洪东排涝站	淤泥		2.5
2	塘沽长芦盐场第二化工厂	黏土、淤泥质黏土	1.6~3.8	2.8
3	浙江台州电厂	淤泥质粉质黏土	3.0~3.5	

续表 3-6

序号	工程名称	主要土层	n 范围	均值
4	山西太原环保研究所	粉质黏土、黏质粉土		2.0
5	江苏南通天生港电厂	粉砂夹薄层粉质黏土		2.4
6	上海江桥车站附近路堤	粉质黏土、淤泥质粉质黏土	1.4 ~ 2.4	
7	宁夏大武口电厂	粉质黏土、中粗砂	2.5 ~ 3.1	
8	美国 Hampton(164)路堤	极软粉土、含砂黏土	2.6 ~ 3.0	
9	美国 New Orleans 试验堤	有机软黏土夹粉砂	4.0 ~ 5.0	
10	美国 New Orleans 码头后方	有机软黏土夹粉砂	5.0 ~ 6.0	
11	法国 Ile Lacroix 路堤	软黏土	2.0 ~ 4.0	2.8
12	美国乔治工学院模型试验	软黏土	1.5 ~ 5.0	

(七)地基变形计算

振冲处理地基的变形计算应符合现行国家标准《建筑地基基础设计规范》(GB 50007—2002)的有关规定。

$$S = \psi_s(S_{sp} + S_1) \tag{3-8}$$

式中　ψ_s——沉降经验系数,对于碎石桩复合地基,取1.0;

S_{sp}——复合地基的沉降;

S_1——下卧层沉降,可用分层总和法计算。

$$S_{sp} = \sum_{i=1}^{n} \frac{p_{01}}{[E_{sp}]_i}(Z_i \bar{a}_i - Z_{i-1} \bar{a}_{i-1}) \tag{3-9}$$

式中　p_{01}——对应于荷载效应准永久组合时,基础底面处的附加
　　　　　应力,kPa;

　　Z_i、Z_{i-1}——基础底面至第 i 层、第 $i-1$ 层土底面的距离,m;

　　$\overline{a}_i$、$\overline{a}_{i-1}$——基础底面计算点至第 i 层、第 $i-1$ 层土底面范
　　　　　围内平均附加应力系数;

　　E_{sp}——复合土层压缩模量,MPa。

　　复合土层的压缩模量由现场静载荷试验确定,中小型工程可
采用经验公式:

$$E_{sp} = [1 + m(n-1)]E_s \qquad (3-10)$$

式中　E_s——桩间土压缩模量,MPa,宜按当地经验取值,当无经
　　　　　验时,可取天然地基压缩模量。

　　式(3-5)中的桩土应力比,在无实测资料时,对黏性土可取
$2 \sim 4$,对粉土和砂土可取 $1.5 \sim 3$,原土强度低取大值,原土强度高
取小值。

(八)不加填料振冲

　　(1)不加填料振冲加密宜在初步设计阶段进行现场工艺试
验,确定不加填料振密的可能性、孔距、振密电流值、振冲水压力、
振后砂层的物理力学指标等。

　　(2)用 30 kW 振冲器振密深度不宜超过 7 m,75 kW 振冲器不
宜超过 15 m。不加填料振冲加密孔距可为 $2 \sim 3$ m,宜用等边三角
形布孔。

　　(3)不加填料振冲加密地基承载力特征值应通过现场载荷试
验确定,初步设计时也可根据加密后原位测试指标按现行国家标
准《建筑地基基础设计规范》(GB 50007—2002)的有关规定确定。

　　(4)不加填料振冲加密地基变形计算应符合现行国家标准
《建筑地基基础设计规范》(GB 50007—2002)的有关规定。加密
深度内土层的压缩模量应通过原位测试确定。

四、施工

(一)施工设备

振冲施工可根据设计荷载的大小、原土强度的高低、设计桩长等条件选用不同功率的振冲器。施工前应在现场进行试验,以确定水压、振密电流和留振时间等各种施工参数。

振冲器的上部为潜水电动机,下部为振动体。电动机转动时通过弹性联轴节带动振动体的中空轴旋转,轴上装有偏心块,以产生水平向振动力。在中空轴内装有射水管,水压可达 $0.4 \sim 0.6$ MPa。依靠振动和管底射水将振冲器沉至所需深度,然后边提振冲器边填砾砂边振动,直到挤密填料及周围土体。振冲法施工时除振冲器外,尚需行走式起吊装置、泵送输水系统、控制操纵台等设备。

振冲施工选用振冲器要考虑设计荷载的大小、工期、工地电源容量及地基土天然强度的高低因素。30 kW 功率的振冲器每台机组约需电源容量 75 kW,其制成的碎石桩径约 0.8 m,桩长不宜超过 8 m,因其振动力小,桩长超过 8 m 加密效果明显降低;75 kW 振冲器每台机组需要电源电量 100 kW,桩径可达 $0.9 \sim 1.5$ m,振冲深度可达 20 m。

在邻近既有建筑物场地施工时,为减小振动对建筑物的影响,宜用功率较小的振冲器。

为保证施工质量,电压、加密电流、留振时间要符合要求。如电源电压低于 350 V,则应停止施工。使用 30 kW 振冲器,密实电流一般为 $45 \sim 55$ A;55 kW 振冲器密实电流一般为 $75 \sim 85$ A;75 kW 振冲器密实电流为 $80 \sim 95$ A。

升降振冲器的机械可用起重机、自行井架式施工平车或其他合适的设备。施工设备应配有电流、电压和留振时间自动信号仪表。升降振冲器的机具常用 8 ~ 25 t 汽车吊,可振冲 5 ~ 20 m 长桩。

(二)施工步骤

(1)清理平整施工场地,布置桩位。

(2)施工机具就位,使振冲器对准桩位。

(3)启动供水泵和振冲器,水压可用 200 ~ 600 kPa,水量可用 200 ~ 400 L/min,将振冲器徐徐沉入土中,造孔速度宜为 0.5 ~ 2.0 m/min,直至达到设计深度。记录振冲器适合深度的水压、电流和留振时间。

(4)造孔后,提升振冲器冲水直至孔口,再放至孔底,重复两三次,扩大孔径并使孔内泥浆变稀,开始填料制桩。

(5)大功率振冲器投料可不提出孔口,小功率振冲器下料困难时,可将振冲器提出孔口填料,每次填料厚度不宜大于 50 cm。将振冲器沉入填料中进行振密制桩,在电流达到规定的密实电流值和规定的留振时间后,将振冲器提升 30 ~ 50 cm。

(6)重复以上步骤,自上而下逐段制作桩体直至孔口,记录各段深度的填料量、最终电流值和留振时间,并均应符合设计规定。

(7)关闭振冲器和水泵。

(三)质量控制

要保证振冲桩的质量,必须符合密实电流、填料量和留振时间三方面的规定。

1. 控制加料振密过程中的密实电流

在成桩时,注意不能把振冲器刚接触填料的一瞬间的电流值作为密实电流。瞬时电流值有时可高达 100 A 以上,但只要把振冲器停住不下降,电流值立即变小。可见,瞬时电流并不能真正反映填料的密实程度。只有使振冲器在固定深度上振动一定时间(即留振时间)而电流稳定在某一数值,这一稳定电流才能代表填料的密实程度。要求稳定电流值超过规定的密实电流值,该段桩体才算制作完毕。

2. 控制填料量

施工中加填料不宜过猛,原则上要勤加料,但每批不宜加得太多。值得注意的是,在制作最深处桩体时,为达到规定密实电流所需的填料远比制作其他部分桩体多。有时这段桩体的填料量可占整根桩总填料量的 1/4 ~ 1/3。其原因一是开初阶段加的料有相当一部分在孔口向孔底下落的过程中被黏留在某些深度的孔壁上,只有少量能落到孔底;原因二是如果控制不当,压力水有可能造成超深,从而使孔底填料量剧增;原因三是孔底遇到了事先不知的局部软弱土层,这也能使填料数量超过正常用量。

(四)施工注意事项

(1)施工现场应事先开设泥水排放系统,或组织好运浆车辆将泥浆运至预先安排好的存放地点,应尽可能设置沉淀池重复使用上部清水。

振冲施工有泥水从孔内返出。砂石类土返泥水量较少,黏土层返泥水量大,这些泥水不能漫流在基坑内,也不能直接排入地下排污管和河道中,以免引起对环境的有害影响,为此在场地上必须事先开设排泥水沟系和做好沉淀池。施工时用泥浆泵将返出的泥水集中抽入池内,在城市中施工,当泥水量不大时可用水车运走。

(2)桩体施工完毕后应将顶部预留的松散桩体挖除,如无预留应将松散桩头压实,随后敷设并压实垫层。

为了保证桩顶部的密实,振冲前开挖基坑时应在桩顶高程以上预留一定厚度的土层。一般 30 kW 振冲器应留土层 0.7 ~ 1.0 m,75 kW 振冲器应留土层 1.0 ~ 1.5 m。当基槽不深时,可振冲后开挖。

(3)不加填料振冲加密宜采用大功率振冲器,为了避免造孔中塌砂将振冲器抱住,下沉速度宜快,造孔速度宜为 8～10 m/min,到达深度后将射水量减至最小,留振至密实电流达到规定时,上提 0.5 m,逐段振密至孔口,一般每米振密时间约 1 min。

在有些砂层中施工,常要连续快速地提升振冲器,电流始终保持加密电流值。如广东新沙港水中吹填的中砂,振前标贯击数 $N=3～7$ 击,设计要求振冲后 $N≥15$ 击,采用正三角形布孔,桩距 2.54 m,加密电流 100 A,经振冲后达到 $N>20$ 击。14 m 厚的砂层完成一孔约需 20 min。

(4)振密孔施工顺序宜沿直线逐点逐行进行。施工顺序:"由里向外打","由近到远、由轻到重","间隔跳打"。

五、质量检验

(1)检查振冲施工各项施工记录,如有遗漏或不符合规定要求的桩或振冲点,应补做或采取有效的补救措施。

(2)振冲施工结束后,除砂土地基外,应间隔一定时间后方可进行质量检验。对粉质黏土地基间隔时间可取 21～28 d,对粉土地基可取 14～21 d。

(3)振冲桩的施工质量检验可采用单桩载荷试验,检验数量为桩数的 0.5%,且不少于 3 根。对碎石桩体检验可用重型动力触探进行随机检验。这种方法设备简单,操作方便,可以连续检测桩体密实情况,但目前尚未建立贯入击数与碎石桩力学性能指标之间的对应关系,有待在工程中广泛应用,积累实测资料,使该法日趋完善。

对桩间土的检验可在处理深度内用标准贯入、静力触探等方法进行检验。

(4)振冲处理后的地基竣工验收时,承载力检验应采用复合地基载荷试验。

（5）复合地基载荷试验检验数量不应少于总桩数的 0.5%，且每个单体工程不应少于 3 个检验点。

（6）对不加填料振冲加密处理的砂土地基，竣工验收承载力检验应采用标准贯入、动力触探、载荷试验或其他合适的试验方法。检验点应选择在有代表性或地基土质较差的地段，并位于振冲点围成的单元形心处及振冲点中心处。检验数量可为振冲点数量的 1%，总数不应少于 5 个。

第四节　砂石桩法

砂石桩法是指采用振动、冲击或水冲等方式在软弱地基中成孔后，再将砂或碎石挤压进已成的孔中，形成大直径的砂石所构成的密实桩体，包括碎石桩、砂桩和砂石桩，总称为砂石桩。砂石桩与土共同组成基础下的复合土层作为持力层，从而提高地基承载力和减小变形。

一、适用范围

砂石桩用于松散砂土、粉土、黏性土、素填土及杂填土地基，主要靠桩的挤密和施工中的振动作用使桩周围土的密度增大，从而使地基的承载力提高、压缩性降低。国内外的实际工程经验证明：砂石桩法处理砂土及填土地基效果显著，并已得到广泛应用。

砂石桩法早期主要用于挤密砂土地基，随着研究和实践的深化，特别是高效能专用机具出现后，应用范围不断扩大。为提高其在黏性土中的处理效果，砂石桩填料由砂扩展到砂、砾及碎石。

砂石桩法用于处理软土地基，国内外也有较多的工程实例，但应注意由于软黏土含水量高、透水性差，砂石桩很难发挥挤密效用。其主要作用是部分置换并与软黏土构成复合地基,同时加速软土的排水固结,从而增大地基土的强度,提高软土地基的承载力。在软黏土中应用砂石桩法有成功的经验,也有失败的教训,因而不少人对砂石桩处理软黏土持有异议,认为黏土透水性差,特别是灵敏度高的土在成桩过程中,土中产生的孔隙水压力不能迅速消散,同时天然结构受到扰动将导致其抗剪强度降低,如置换率不够高,是很难获得可靠的处理效果的。此外,砂石桩处理饱和黏土地基,如不经过预压,处理后地基仍将可能发生较大的沉降,对沉降要求严格的建筑结构难以满足允许的沉降要求。因此,对于饱和软黏土变形控制要求不严的工程可采用砂石桩置换处理。

二、作用机制

砂石桩加固地基的主要作用如下。

(一)挤密、振密作用

砂石桩主要靠桩的挤密和施工中的振动作用使桩周围土的密度增大,从而使地基的承载能力提高、压缩性降低。当被加固土为液化地基时,由于土的空隙比减小、密实度提高,可有效消除土的液化。

(二)置换作用

当砂石桩法用于处理软土地基,由于软黏土含水量高、透水性差,砂石桩很难发挥挤密效用,其主要作用是部分置换并与软黏土构成复合地基,增大地基抗剪强度,提高软土地基的承载力和提高地基抗滑动破坏能力。

(三)加速固结作用

砂石桩可加速软土的排水固结,从而增大地基土的强度,提高软土地基的承载力。

三、设计

砂石桩设计的主要内容有桩径、桩位布置、桩距、桩长、处理范围、材料、填料用量、复合地基承载力、稳定及变形验算等。对于砂土地基,砂土的最大、最小孔隙比以及原地层的天然密度是设计的基本依据。

采用砂石桩处理地基应补充设计、施工所需的有关技术资料。对于黏性土地基,应有地基土的不排水抗剪强度指标;对于砂土和粉土地基,应有地基土的天然孔隙比、相对密实度或标准贯入击数、砂石料特性、施工机具及性能等资料。

(一)布桩形式

砂石桩孔位宜采用等边三角形或正方形布置。对于砂土地基,因靠砂石桩的挤密提高桩周土的密度,所以采用等边三角形更有利,它使地基挤密较为均匀。对于软黏土地基,主要靠置换作用,因而选用任何一种均可。

(二)桩径

砂石桩直径可采用300～800 mm,可根据地基土质情况和成桩设备等因素确定。对于饱和黏性土地基,宜选用较大的直径。

砂石桩直径的大小取决于施工设备桩管的大小和地基土的条件。小直径桩管挤密质量较均匀但施工效率低;大直径桩管需要较大的机械能力、工效高,采用过大的桩径,一根桩要承担的挤密面积大,通过一个孔填入的砂料多,不易使桩周土挤密均匀。对于软黏土,宜选用大直径桩管以减小对原地基土的扰动程度,同时置换率较大可提高处理效果。沉管法施工时,设计成桩直径与套管直径比不宜大于1.5,主要考虑振动挤压时如扩径较大,会对地基土产生较大扰动,不利于保证成桩质量。另外,成桩时间长、效率低也会给施工带来困难。

（三）桩距

砂石桩的间距应通过现场试验确定。对于粉土和砂土地基，不宜大于砂石桩直径的4.5倍;对于黏性土地基，不宜大于砂石桩直径的3倍。

砂石桩处理松砂地基的效果受地层、土质、施工机械、施工方法、填砂石的性质和数量、砂石桩排列和间距等多种因素的综合影响，较为复杂。国内外虽已有不少实践，并曾进行了一些试验研究，积累了一些资料和经验，但是有关设计参数如桩距、灌砂石量及施工质量的控制等须通过施工前的现场试验才能确定。

桩距不能过小，也不宜过大，根据经验桩距一般可控制在3～4.5倍桩径之内。合理的桩径取决于具体的机械能力和地层土质条件。当合理的桩距和桩的排列布置确定后，一根桩所承担的处理范围即可确定。土层密度的增加靠其孔隙的减小，把原土层的密度提高到要求的密度，孔隙要减小的数量可通过计算得出。这样可以设想只要灌入的砂石料能把需要减小的孔隙都充填起来，那么土层的密度也就能够达到预期的数值。据此，如果假定地层挤密是均匀的，同时挤密前后土的固体颗粒体积不变，则可推导出桩距计算公式。

对于粉土和砂土地基，公式推导是假设地面标高施工后和施工前没有变化。实际上，很多工程都采用振动沉管法施工，施工时对地基有振密和挤密双重作用，而且地面下沉，施工后地面平均下沉量可达100～300 mm。因此，当采用振动沉管法施工砂石桩时，桩距可适当增大，修正系数建议取1.1～1.2。

地基挤密要求达到的密实度是从满足建筑结构地基的承载力、变形或防止液化的需要而定的，原地基土的密实度可通过钻探取样试验，也可通过标准贯入、静力触探等原位测试结果与有关指标的相关关系确定。各有关的相关关系可通过试验求得，也可参考当地或其他可靠的资料。

桩间距与要求的复合地基承载力及桩和原地基土的承载力有关。当按要求的承载力算出的置换率过高、桩距过小不易施工时，则应考虑增大桩径和桩距。在满足上述要求的条件下，一般桩距应适当大些，可避免施工过大地扰动原地基土，影响处理效果。

初步设计时，砂石桩的间距也可根据被处理土挤密后要求达到的孔隙比为 e_1 来确定。假设在松散砂土中，砂石桩能起到完全理想的效果，设处理前土的空隙比为 e_0，挤密后的孔隙比为 e_1，又设一根砂石桩所承担的地基处理面积为 A，砂石桩直径为 d，则一根桩孔的体积为 $d^2/4$，单位体积被处理土的空隙改变量为 $(e_0 - e_1)/(1 + e_0)$。根据桩的平面布置不同，按下列公式估算砂石桩的间距 s。

1. 松散粉土和砂土地基的砂石桩间距

松散粉土和砂土地基的砂石桩间距可根据挤密后要求达到的孔隙比 e_1 来确定。

采用等边三角形布置的砂石桩间距：

$$s = 0.95\xi d[(1 + e_0)/(e_0 - e_1)]^{0.5} \tag{3-11}$$

采用正方形布置的砂石桩间距：

$$s = 0.89\xi d[(1 + e_0)/(e_0 - e_1)]^{0.5} \tag{3-12}$$

$$e_1 = e_{\max} - D_{\mathrm{rl}}(e_{\max} - e_{\min}) \tag{3-13}$$

式中　　s——砂石桩间距，m；

　　　　d——砂石桩直径，m；

　　　　ξ——修正系数，当考虑振动下沉密实作用时，可取 1.0 ~ 1.2，不考虑振动下沉密实作用时，可取 1.0；

　　　　e_0——地基处理前砂土的孔隙比，可按原状土样试验确定，也可根据动力或静力触探等对比试验确定；

　　　　e_1——地基挤密后要求达到的孔隙比；

e_{max}、e_{min}——砂土的最大、最小孔隙比,可按现行国家标准
　　　　　《土工试验方法标准》(GB/T 50123—1999)的
　　　　　有关规定确定;

D_{rl}——地基挤密后要求砂土达到的相对密实度,可取
　　　　0.70 ~ 0.85。

2. 黏性土地基的砂石桩间距

采用等边三角形布置的砂石桩间距:

$$s = 1.08A_e^{0.5} \tag{3-14}$$

采用正方形布置的砂石桩间距:

$$s = A_e^{0.5} \tag{3-15}$$

式中　A_e——1 根砂石桩承担的处理面积,m^2;

　　　其他符号意义同前。

$$A_e = A_p/m \tag{3-16}$$

式中　A_p——砂石桩的截面面积,m^2;

　　　m——面积置换率。

(四)桩长

砂石桩的桩长可根据工程要求和工程地质条件通过计算确定。关于砂石桩的长度,通常应根据地基的稳定和变形验算确定,为保证稳定,桩长应达到滑动弧面之下,当软土层厚度不大时,桩长宜超过整个松软土层。标准贯入和静力触探沿深度的变化曲线也是提供确定桩长的重要资料。

(1)当松软土层厚度不大时,砂石桩桩长宜穿过松软土层。

(2)当松软土层厚度较大时,对按稳定性控制的工程,砂石桩桩长应不小于最危险滑动面以下 2 m 的深度;对按变形控制的工程,砂石桩桩长应满足处理后地基变形量不超过建筑物的地基变形允许值并满足软弱下卧层承载力的要求。

(3)对可液化的地基,砂石桩桩长应按现行国家标准《建筑抗

震设计规范》(GB 50011—2010)的有关规定采用。对可液化的砂层,为保证处理效果,一般桩长应穿透液化层。

(4)桩长不宜小于 4 m。

砂石桩单桩荷载试验表明,砂石桩桩体在受荷过程中,在桩顶 4 倍桩径范围内将发生侧向膨胀,因此设计深度应大于主要受荷深度,即不宜小于 4.0 m。

一般建筑物的沉降存在一个沉降槽,若差异沉降过大,则会使建筑物受到损坏。为了减少其差异沉降,可分区采用不同桩长进行加固,用于调整差异沉降。

(五)处理范围

砂石桩处理范围应大于基底范围,处理宽度宜在基础外缘扩大 1~3 排桩。对可液化地基,在基础外缘扩大宽度不应小于可液化土层厚度的 1/2,并不应小于 5 m。

砂石桩处理地基要超出基础一定宽度,这是基于基础的压力向基础外扩散。另外,考虑到外围的 2~3 排桩挤密效果较差,提出加宽 1~3 排桩,原地基越松则应加宽越多。重要的建筑及要求荷载较大的情况应加宽多些。

砂石桩法用于处理液化地基,原则上必须确保建筑物的安全使用。基础外应处理的宽度目前尚无统一的标准。美国的经验是应处理的宽度取等于处理的深度,但根据日本和我国有关单位的模型试验得到结果应为处理深度的 2/3。另外,由于基础压力的影响,使地基土的有效压力增加,抗液化能力增大,故这一宽度可适当降低。同时,根据日本用挤密桩处理的地基经过地震考验的结果,说明需处理的宽度也比处理深度的 2/3 小,据此定出每边放宽不宜小于处理深度的 1/2,同时不宜小于 5 m。

(六)填料量

砂石桩桩孔内的填料量应通过现场试验确定,估算时可按设计桩孔体积乘以充盈系数 β 确定,β 可取 $1.2 \sim 1.4$。如施工中地面有下沉或隆起现象,则填料数量应根据现场具体情况予以增减。

考虑到挤密砂石桩沿深度不会完全均匀,同时实践证明砂石桩施工挤密程度较高时地面要隆起,另外施工中还会有所损失等,因而实际设计灌砂石量要比计算砂石量增加一些。根据地层及施工条件的不同增加量为计算量的 $20\% \sim 40\%$。

(七)桩体材料

桩体材料可用碎石、卵石、角砾、圆砾、砾砂、粗砂、中砂或石屑等硬质材料,含泥量不得大于 5%,最大粒径不宜大于 50 mm。

关于砂石桩用料的要求,对于砂基,条件不严格,只要比原土层砂质好同时易于施工即可,一般应注意就地取材。按照各有关资料的要求,最好用级配较好的中砂、粗砂,当然也可用砾砂及碎石。对于饱和黏性土,因为要构成复合地基,特别是当原地基土较软弱、侧限不大时,为了有利于成桩,宜选用级配好、强度高的砾砂混合料或碎石。填料中最大颗粒尺寸的限制取决于桩管直径和桩尖的构造,以能顺利出料为宜。考虑到有利于排水,同时保证具有较高的强度,规定砂石桩用料中粒径小于 0.005 mm 的颗粒含量(即含泥量)不能超过 5%。

(八)垫层

砂石桩顶部宜敷设一层厚度为 $300 \sim 500 \text{ mm}$ 的砂石垫层。

(九)复合地基的承载力特征值

砂石桩复合地基的承载力特征值,应通过现场复合地基载荷试验确定,初步设计时,也可通过下列方法估算:

(1)对于采用砂石桩处理的复合地基,可按式(3-5)或式(3-6)估算。

(2)对于采用砂桩处理的砂土地基,可根据挤密后砂土的密实状态,按现行国家标准《建筑地基基础设计规范》(GB 50007—

2002)的有关规定计算。

(十)地基变形计算

砂石桩处理地基的变形计算方法同上述振冲桩;对于砂桩处理的砂土地基,应按现行国家标准《建筑地基基础设计规范》(GB 50007—2002)的有关规定计算。

当砂石桩用于处理堆载地基时,应按现行国家标准《建筑地基基础设计规范》(GB 50007—2002)的有关规定进行抗滑稳定性验算。

四、施工

(一)施工机械

砂石桩施工可采用振动沉管、锤击沉管或冲击成孔等成桩法。采用垂直上下振动的机械施工的方法称为振动沉管成桩法,采用锤击式机械施工成桩的方法称为锤击沉管成桩法,锤击沉管成桩法的处理深度可达 10 m。当用于消除粉细砂及粉土液化时,宜用振动沉管成桩法。

砂石桩机通常包括机架、桩管及桩尖、提升装置、挤密装置、上料设备及检测装置等部分。为了使砂石有效地排出或使桩管容易打入,高能量的振动砂石桩机配有高压空气或水的喷射装置,同时配有自动记录桩管贯入深度、提升量、压入量、管内砂石位置及变化,以及电机电流变化等检测装置。

施工中应选用能顺利出料和有效挤压桩孔内砂石料的桩尖结构。当采用活瓣桩靴时,对砂土和粉土地基宜选用尖锥型;对黏性土地基宜选用平底型;一次性桩尖可采用混凝土锥形桩尖。

(二)成桩试验

施工前应进行成桩工艺和成桩挤密试验。当成桩质量不能满足设计要求时,应在调整设计与施工有关参数后,重新进行试验或改变设计。

不同的施工机具及施工工艺用于处理不同的地层会有不同的处理效果。常遇到设计与实际情况不符或者处理质量不能达到设计要求的情况,因此施工前在现场进行的成桩试验具有重要的意义。

通过现场成桩试验检验设计要求和确定施工工艺及施工控制要求,包括填砂石量、提升高度、挤压时间等。为了满足试验及检测要求,试验桩的数量应不少于 7~9 个。正三角形布置至少要 7 个(即中间 1 个,周围 6 个),正方形布置至少要 9 个(3 排 3 列,每排每列各 3 个)。

(三)振动法施工成桩步骤

振动沉管成桩法施工应根据沉管和挤密情况,控制填砂石量、提升高度和速度、挤压次数和时间、电机的工作电流等。

振动法施工成桩步骤如下:

(1)移动桩机及导向架,把桩管及桩尖对准桩位。

(2)启动振动锤,把桩管下到预定的深度。

(3)向桩管内投入规定数量的砂石料(根据施工试验的经验,为了提高施工效率,装砂石也可在桩管下到便于装料的位置时进行)。

(4)把桩管提升一定的高度(下砂石顺利时提升高度不超 1~2 cm),提升时桩尖自动打开,桩管内的砂石料流入孔内。

(5)降落桩管,利用振动及桩尖的挤压作用使砂石密实。

(6)重复(4)、(5)两个步骤,桩管上下运动,砂石料不断补充,砂石桩不断增高。

(7)桩管提至地面,砂石桩完成。

施工中,电机工作电流的变化反映挤密程度及效率,电流达到一定不变值,继续挤压将不会产生挤密效能。施工中不可能及时进行效果检测,因此按成桩过程的各项参数对施工进行控制是重要的环节,必须予以重视。

(四)锤击法施工步骤

锤击沉管成桩法施工可采用单管法或双管法,但单管法难以发挥挤密作用,故一般宜用双管法。锤击法挤密应根据锤击的能量,控制分段的填砂石量和成桩的长度。

双管法的施工根据具体条件选定施工设备,也可临时组配。其施工成桩步骤如下:

(1)将内外管安放在预定的桩位上,将用做桩塞的砂石投入外管底部。

(2)以内管做锤冲击砂石塞,靠摩擦力将外管打入预定深度。

(3)固定外管将砂石塞压入土中。

(4)提内管并向外管内投入砂石料。

(5)边提外管边用内管将管内砂石冲出挤压土层。

(6)重复(4)、(5)两个步骤。

(7)待外管拔出地面,砂石桩完成。

此法优点是砂石的压入量可随意调节,施工灵活,特别适合小规模工程。

(五)施工顺序

砂石桩的施工顺序:砂土地基宜从外围或两侧向中间进行,黏性土地基宜从中间向外围或隔排施工;在既有建(构)筑物邻近施工时,应背离建(构)筑物方向进行。

(六)施工注意事项

(1)砂石桩施工完毕,当设计或施工投砂石量不足时,地面会下沉;当投料过多时,地面会隆起,同时表层 0.5~1.0 m 常呈松软状态。如遇到地面隆起过高也说明填砂石量不适当。实际观测资料证明,砂石在达到密实状态后进一步承受挤压又会变松,从而降低处理效果。遇到这种情况应注意适当减少填砂石量。

(2)施工时桩位水平偏差不应大于 0.3 倍套管外径,套管垂直度偏差不应大于1%。

（3）砂石桩施工后,应将基底标高下的松散层挖除或夯压密实,随后敷设并压实砂石垫层。

砂石桩顶部施工时,由于上覆压力较小,因而对桩体的约束力较小,桩顶形成一个松散层,加载前应加以处理才能减少沉降量,有效地发挥复合地基作用。

五、质量检验

（1）应在施工期间及施工结束后,检查砂石桩的施工记录。对于沉管法,尚应检查套管往复挤压振动次数与时间、套管升降幅度和速度、每次填砂石料量等项的施工记录。

砂石桩施工的沉管时间、各深度段的填砂石量、提升及挤压时间等是施工控制的重要手段,这些资料本身就可以作为评估施工质量的重要依据,再结合抽检便可以较好地作出质量评价。

（2）施工后应间隔一定时间方可进行质量检验。对于饱和黏性土地基应待孔隙水压力消散后进行,间隔时间不宜少于28 d;对于粉土、砂土和杂填土地基,不宜少于7 d。

由于在制桩过程中原状土的结构受到不同程度的扰动,强度会有所降低,饱和土地基在桩周围一定范围内,土的孔隙水压力上升。待休置一段时间后,孔隙水压力会消散,强度会逐渐恢复,恢复期的长短根据土的性质而定。

（3）砂石桩的施工质量检验可采用单桩载荷试验检测,对桩体可采用动力触探试验检测,对桩间土可采用标准贯入、静力触探、动力触探或其他原位测试等方法进行检测。桩间土质量的检测位置应在等边三角形或正方形的中心。检测数量不应少于桩孔总数的2%。

（4）砂石桩地基竣工验收时,承载力检验应采用复合地基载荷试验。

（5）复合地基载荷试验数量不应少于总桩数的 0.5%，且每个单体建筑不应少于 3 点。

第五节　高压喷射注浆法

高压喷射注浆法始创于日本，它是在化学注浆法的基础上，采用高压水射流切割技术发展起来的，利用高压喷射浆液与土体混合固化处理地基的一种方法。高压喷射注浆是利用钻机钻孔，把带有喷嘴的注浆管插至土层的预定位置后，以高压设备使浆液成为 20 MPa 以上的高压射流，从喷嘴中喷射出来冲击破坏土体。部分细小的土料随着浆液冒出水面，其余土粒在喷射流的冲击力、离心力和重力等作用下，与浆液搅拌混合，并按一定的浆土比例有规律地重新排列。浆液凝固后，便在土中形成一个固结体与桩间土一起构成复合地基，从而提高地基承载力，减少地基的变形，达到地基加固的目的。

一、适用范围

高压喷射注浆法适用于处理淤泥、淤泥质土、流塑、软塑或可塑黏性土、粉土、黄土、砂土、素填土和碎石土等地基。当土中含有较多的大粒径块石、大量植物根茎或有过多的有机质，以及地下水流速过大和已涌水的工程，应根据现场试验结果确定其适用程度。

实践表明，本法对淤泥、淤泥质土、流塑或软塑黏性土、粉土、砂土、黄土、素填土和碎石土等地基都有良好的处理效果。但对于硬黏性土，含有较多的块石或大量植物根茎的地基，因喷射流可能受到阻挡或削弱，冲击破碎力急剧下降，切削范围小或影响处理效果。而对于含有过多有机质的土层，则其处理效果取决于固结体的化学稳定性。鉴于上述几种土的组成复杂、差异悬殊，高压喷射注浆处理的效果差别较大，不能一概而论，故应根据现场试验结果确定其适用程度。对于湿陷性黄土地基,因当前试验资料和施工实例较少,亦应预先进行现场试验。

高压喷射注浆法有强化地基和防漏的作用,可卓有成效地用于既有建筑和新建工程的地基处理、地下工程及堤坝的截水、基坑封底、被动区加固、基坑侧壁防止漏水或减小基坑位移等。此外,可采用定喷法形成壁状加固体,以改善边坡的稳定性。

高压喷射注浆处理深度较大,我国建筑地基高压喷射注浆处理深度目前已达 30 m 以上。

二、作用机制

高压喷射注浆法作用机制包括对天然地基土的加固硬化和形成复合地基以加固地基土、提高地基土强度、减少沉降量。

由于高压喷射注浆使用的压力大,因而喷射流的能量大、速度快。当它连续、集中地作用在土体上时,压应力和冲蚀等多种因素便在很小的区域内产生效应,对从粒径很小的细粒土到含有颗粒直径较大的卵石、碎石土,均有巨大的冲击和搅动作用,使注入的浆液和土拌和凝固为新的固结体。

通过专用的施工机械,在土体中形成一定直径的桩体,与桩间土形成复合地基承担基础传来的荷载,可提高地基承载力和改善地基变形特性。该法形成的桩体强度一般高于水泥土搅拌桩,但仍属于低黏结强度的半刚性桩。

三、特点

(一)适用范围较广

由于固结体的质量明显提高,它既可用于工程新建之前,又可用于竣工后的托换工程,可以不损坏建筑物的上部结构,且能使已有建筑物在施工时使用功能正常。

(二)施工简便

(1)施工时只需在土层中钻一个孔径为 50 mm 或 300 mm 的小孔,便可在土中喷射成直径为 0.4～4.0 m 的固结体,因而施工时能贴近已有建筑物。

(2)成型灵活,既可在钻孔的全长形成柱型固结体,也可仅做其中一段。

(三)可控制固结体形状

在施工中可调整旋喷速度和提升速度、增减喷射压力或更换喷嘴孔径改变流量,使固结体形成工程设计所需要的形状。

(四)可垂直、倾斜和水平喷射

通常是在地面上进行垂直喷射注浆,但在隧道、矿山井巷工程、地下铁道等建设中,亦可采用倾斜和水平喷射注浆。

四、分类形式

高压喷射注浆在地基中形成的加固体形状与喷射移动方式有关。如图 3-2 所示,如喷嘴以一定转速旋转、提升,则形成圆柱状的桩体,此方式称为旋喷;如喷嘴只提升不旋转,则形成壁式加固体,此方式称为定喷;如喷嘴以一定角度往复旋转喷射,则形成扇形加固体,此方式称为摆喷。

我国于 1975 年首先在铁道部门进行单管法的试验和应用,于 1977 年冶金部建筑研究总院在宝钢工程中首次应用三重管法喷射注浆获得成功,1986 年该院又成功开发高压喷射注浆的新工艺——干喷法,并取得了国家专利。至今,我国已有上百项工程应用了高压喷射注浆法。

根据工程需要和机具设备条件,高压喷射注浆法可划分为以下四种。

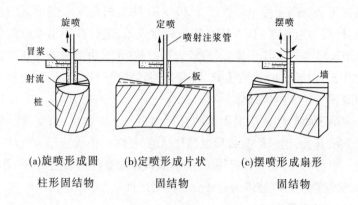

图 3-2　旋喷、定喷与摆喷

（一）单管法

单管法是利用钻机把安装在注浆管（单管）底部侧面的特殊喷嘴置入土层预定深度后，用高压泥浆泵等装置以 20 MPa 左右的压力，把浆液从喷嘴中喷射出去冲击破坏土体，使浆液与从土体上崩落下来的土搅拌混合，经过一定时间凝固，便在土中形成一定形状的固结体。

（二）双重管法

双重管法使用双通道的二重注浆管。当二重注浆管钻进土层的预定深度后，通过在管底部侧面的一个同轴双重喷嘴，同时喷射出高压浆液和空气两种介质的喷射流冲击破坏土体。即以高压泥浆泵等高压发生装置喷射出 20 MPa 左右压力的浆液从内喷嘴中高速喷出，并用 0.7 MPa 左右的压力把压缩空气从外喷嘴中喷出。在高压浆液和它外圈环绕气流的共同作用下，破坏土体的能量显著增大，最后在土中形成较大的固结体。

（三）三重管法

三重管法使用分别输送水、气、浆三种介质的三重注浆管。在以高压泵等高压发生装置产生 20～30 MPa 的高压水喷射流的周围,环绕一股 0.5～0.7 MPa 的圆筒状气流,进行高压水喷射流和气流同轴喷射冲切土体,形成较大的空隙,再另由泥浆泵注入压力为 0.5～3 MPa 的浆液填充,喷嘴作旋转和提升运动,最后便在土中凝固为较大的固结体。

高压喷射注浆法加固体的直径大小与土的类别、密实度及喷射方法有关,当采用旋喷形成圆柱状的桩体时,单管法形成桩体直径一般为 0.3～0.8 m,三重管法形成桩体的直径一般为 1.0～2.0 m,双重管法形成桩体的直径介于两者之间。

(四)多重管法

这种方法首先需要在地面钻一个导孔,然后置入多重管,用逐渐向下运动的旋转超高压力(约 40 MPa)水射流,切削破坏四周的土体,经高压水冲击下来的土和石成为泥浆后,立即用真空泵从多重管中抽出。如此反复地冲和抽,便在地层中形成一个较大的空间。装在喷嘴附近的超声波传感器及时测出空间的直径和形状,最后根据工程要求选用浆液、砂浆、砾石等材料进行填充。于是在地层中形成一个大直径的柱状固结体,在砂性土中最大直径可达 4 m。

五、设计

在制订高压喷射注浆方案时,应掌握场地的工程地质、水文地质和建筑结构设计资料等。对既有建筑尚应收集竣工和现状观测资料、邻近建筑和地下埋设物资料等。

(一)材料

高压喷射注浆的主要材料为水泥,对于无特殊要求的工程,宜采用 32.5 级及以上的普通硅酸盐水泥。根据需要可加入适量的早强、速凝、悬浮或防冻等外加剂及掺合料。所用外加剂和掺合料的数量应通过试验确定。

水泥浆液的水灰比应按工程要求确定,水泥浆液的水灰比越小,高压喷射注浆处理地基的强度越高。但在生产中因注浆设备的原因,水灰比太小时,喷射有困难,故通常取 0.8～1.5,生产实践中常用 1.0。

由于生产、运输和保存等,有些水泥厂的水泥成分不够稳定,质量波动较大,可导致高压喷射水泥浆液凝固时间过长,固结强度降低。因此,事先应对各批水泥进行检验,鉴定合格后才能使用。对拌制水泥浆的用水,只要符合混凝土拌和标准即可使用。水泥在使用前需做质量鉴定,搅拌水泥浆所用的水,应符合《混凝土用水标准》(JGJ 63—2006)中的规定。

(二)桩径

旋喷桩的直径应通过现场试验确定。当无现场试验资料时,亦可参照相似土质条件的工程经验。

旋喷桩直径的确定是一个复杂的问题,尤其是深部的直径,无法用准确的方法确定。因此,除浅层可以用开挖的方法确定外,其余只能用半经验的方法加以判断、确定。

根据国内外的施工经验,其设计直径可参考表 3-7 选用。定喷及摆喷的有效长度为旋喷桩直径的 1.0～1.5 倍。

(三)承载力

旋喷桩复合地基承载力标准值应通过现场复合地基载荷试验确定,也可进行估算或结合当地情况及与土质相似工程的经验确定。旋喷桩复合地基承载力通过现场载荷试验方法确定误差较小。由于通过公式计算在确定折减系数 β 和单桩承载力方面均可能有较大的变化幅度,因此只能用做估算。对于承载力较低时 β 取低值,是出于减小变形的考虑。

表 3-7　旋喷桩的设计直径

土质	标准贯入击数	单管法	双重管法	三重管法
黏性土	$0 < N < 5$	$0.5 \sim 0.8$	$0.8 \sim 1.2$	$1.2 \sim 1.8$
	$6 < N < 10$	$0.4 \sim 0.7$	$0.7 \sim 1.1$	$1.0 \sim 1.6$
砂土	$0 < N < 10$	$0.6 \sim 1.0$	$1.0 \sim 1.4$	$1.5 \sim 2.0$
	$11 < N < 20$	$0.5 \sim 0.9$	$0.9 \sim 1.3$	$1.2 \sim 1.8$
	$21 < N < 30$	$0.4 \sim 0.8$	$0.8 \sim 1.2$	$0.9 \sim 1.5$

注:N 为标准贯入击数。

　　竖向承载的旋喷桩复合地基承载力特征值应通过现场单桩或多桩复合地基载荷试验确定。初步设计时也可按下列公式估算。

　　(1)复合地基承载力特征值:

$$f_{spk} = mR_a/A_p + \beta(1 - m)f_{sk} \tag{3-17}$$
$$m = d^2/d_e^2$$

式中　R_a——桩竖向承载力特征值,kN;

　　　　β——桩间土承载力折减系数,可根据试验或类似土质条件
　　　　　　工程经验确定,当无试验资料或经验时,可取 0 ~
　　　　　　0.5,承载力较低时取低值;

　　　　其他符号意义同前。

　　(2)单桩竖向承载力特征值:

$$R_a = u_p \sum_{i=1}^{n} q_{si}l_i + q_pA_p \tag{3-18}$$

式中　u_p——桩的周长,m;

　　　　n——桩长范围内所划分的土层数;

　　　　q_{si}——桩周第 i 层土桩的侧阻力特征值,kPa;

　　　　l_i——桩周第 i 层土的厚度,m;

q_p——桩端地基土未经修正的承载力特征值,kPa;

其他符号意义同前。

为使由桩身材料强度确定的单桩承载力大于或等于由桩周土和桩端土的抗力所提供的单桩承载力,应同时满足下列要求:

$$R_a = \eta f_{cu} A_p \tag{3-19}$$

式中　f_{cu}——与旋喷桩桩身水泥土配比相同的室内加固土试块(边长为 70.7 mm 的立方体)在标准养护条件下28 d龄期的立方体抗压强度平均值,kPa;

η——桩身强度折减系数,可取 0.33。

在设计时,可根据需要达到的承载力,按照式(3-6)求得面积置换率 m。当旋喷桩处理范围以下存在软弱下卧层时,应按现行国家标准《建筑地基基础设计规范》(GB 50007—2002)的有关规定进行下卧层承载力验算。

(四)沉降

竖向承载旋喷桩复合地基的变形包括桩长范围内复合土层的平均压缩变形和桩端以下未处理土层的压缩变形;其中复合土层的压缩模量可根据地区经验确定。桩端以下未处理土层的压缩变形值可按国家标准《建筑地基基础设计规范》(GB 50007—2002)的有关规定确定。

(五)构造要求

(1)竖向承载时独立基础下的旋喷桩数不应少于 4 根。

(2)竖向承载旋喷桩复合地基宜在基础与桩顶之间设置褥垫层。褥垫层厚度可取 200 ~ 300 mm,其材料可选用中砂、粗砂、级配砂石等,最大粒径不宜超过 30 mm。

(3)高压喷射注浆法用于深基坑等工程形成连续体时,相邻桩搭接不宜小于 300 mm,并应符合设计要求。当旋喷桩需要相邻桩相互搭接形成整体时,应考虑施工中垂直度误差等。尤其在截水工程中尚需要采取可靠方案或措施保证相邻桩的搭接,防止截水失败。

六、施工

高压喷射注浆法方案确定后,应进行现场试验、试验性施工或根据工程经验确定施工参数及工艺。施工前,应对照设计图纸核实设计孔位处有无妨碍施工和影响安全的障碍物。如遇有水管、电缆线、煤气管、人防工程、旧建筑基础和其他地下埋设物等障碍物影响施工,则应与有关单位协商清除、搬移障碍物或更改设计孔位。

(一)施工工序

如图 3-3 所示,以旋喷桩为例,高压喷射注浆的施工工序如下。

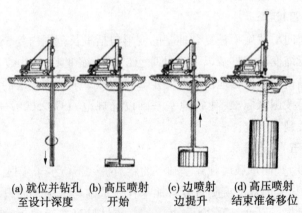

(a) 就位并钻孔　(b) 高压喷射　(c) 边喷射　(d) 高压喷射
　　至设计深度　　　开始　　　　边提升　　结束准备移位

图 3-3　高压喷射注浆法施工工序

1. 钻机就位与钻孔

钻机与高压注浆泵的距离不宜过远,钻孔的位置与设计位置的偏差不得大于 50 mm。实际孔位、孔深和每个钻孔内的地下障碍物、洞穴、涌水、漏水及与工程地质报告不符等情况均应详细记录。钻孔的目的是将注浆管置入预定深度。如能用振动或直接把注浆管置入土层预定深度,则钻孔和置入注浆管的两道工序合并为一道工序。

2. 置入注浆管,开始横向喷射

当喷射注浆管贯入土中,喷嘴达到设计标高时,即可喷射注浆。

高压喷射注浆单管法及双重管法的高压水泥浆液流和三重管法高压水射流的压力宜大于 20 MPa。三重管法使用的低压水泥浆液流压力宜大于 1 MPa,气流压力宜取 0.7 MPa,低压水泥浆的灌注压力通常为 1.0 ~ 2.0 MPa,提升速度可取 0.05 ~ 0.25 m/min,旋转速度可取 10 ~ 20 r/min。

3. 旋转、提升

在喷射注浆参数达到规定值后,随即分别按旋喷(定喷或摆喷)的工艺要求提升注浆管,由下而上喷射注浆。注浆管分段提升的搭接长度不得小于 100 mm。

4. 拔管及冲洗

完成一根旋喷桩施工后,应迅速拔出喷射注浆管进行冲洗。为防止浆液凝固收缩影响桩顶高程,必要时可在原孔位采取冒浆回灌或第二次注浆等措施。

(二)施工注意事项

(1)高压泵通过高压橡胶软管输送高压浆液至钻机上的注浆管,进行喷射注浆。若钻机和高压水泵的距离过远,势必要增加高压橡胶软管的长度,使高压喷射流的沿程损失增大,造成实际喷射压力降低的后果。因此,钻机与高压水泵的距离不宜大于 50 m。在大面积场地施工时,为了减少沿程损失,应搬动高压泵保持与钻机的距离。

(2)实际施工孔位与设计孔位偏差过大时会影响加固效果，故规定孔位偏差值应小于 50 mm，并且必须保持钻孔的垂直度。土层的结构和土质种类对加固质量关系更为密切，只有通过钻孔过程详细记录地质情况并了解地下情况后，施工时才能因地制宜地及时调整工艺和变更喷射参数，达到处理效果良好的目的。

(3)各种形式的高压喷射注浆，均自下而上进行。当注浆管不能一次提升完成而需分数次卸管时，卸管后喷射的搭接长度不得小于 100 mm，以保证固结体的整体性。

(4)在不改变喷射参数的条件下，对同一标高的土层作重复喷射时，能加大有效加固长度和提高固结体强度。这是一种局部获得较大旋喷直径或定喷、摆喷范围的简易有效方法。复喷的方法根据工程要求确定。在实际工作中，旋喷桩通常在底部和顶部进行复喷，以增大承载力和确保处理质量。对需要扩大加固范围或提高强度的工程，可采取复喷措施，即先喷一遍清水再喷一遍或两遍水泥浆。

(5)在高压喷射注浆过程中出现压力骤然下降、上升或大量冒浆等异常情况时，应查明产生的原因并及时采取措施。

流量不变而压力突然下降时，应检查各部位的泄漏情况，必要时拔出注浆管，检查密封性能。

出现不冒浆或断续冒浆时，若系土质松软，则视为正常现象，可适当进行复喷；若系附近有孔洞、通道，则应不提升注浆管继续注浆直至冒浆或拔出注浆管待浆液凝固后重新注浆。

压力稍有下降时，可能是注浆管被击穿或有孔洞，使喷射能力降低，此时应拔出注浆管进行检查。

当压力陡增超过最高限值、流量为零、停机后压力仍不变动时，则可能是喷嘴堵塞，此时应拔管疏通喷嘴。

(6)当高压喷射注浆完毕，或在喷射注浆过程中因故中断，短时间(小于或等于浆液初凝时间)内不能继续喷浆时,均应立即拔出注浆管清洗备用,以防浆液凝固后拔不出管。

(7)为防止因浆液凝固收缩,产生加固地基与建筑基础不密贴或脱空现象,可采取超高喷射(旋喷处理地基的顶面超过建筑基础底面,其超高量大于收缩高度)、回灌冒浆或第二次注浆等措施。

(8)当处理既有建筑地基时,应采取速凝浆液或大间距隔孔旋喷和冒浆回灌等措施,以防旋喷过程中地基产生附加变形和地基与基础间出现脱空现象,影响被加固建筑及邻近建筑。

(9)在城市施工中,泥浆管理直接影响文明施工,必须在开工前做好规划,做到有计划地堆放或废浆及时排出现场,保持场地文明。一处高压旋喷注浆法施工现场情况见图3-4。

图3-4　高压旋喷注浆法施工现场情况

(10)应对建筑物进行沉降观测。在专门的记录表格上做好自检,如实记录施工的各项参数和详细描述喷射注浆时的各种现象,以便判断加固效果并为质量检验提供资料。

七、质量检验

(1)高压喷射注浆施工质量检验可根据工程要求和当地经验,采用开挖检查、钻孔取芯、标准贯入、静力触探、载荷试验或围井注水试验等方法进行检验,并结合工程测试、观测资料及实际效果综合评价加固效果。

应在严格控制施工参数的基础上,根据具体情况选定质量检验方法。开挖检查法虽简单易行,但难以对整个固结体的质量作全面检查,通常在浅层进行。钻孔取芯法是检验单孔固结体质量的常用方法,选用时需以不破坏固结体和有代表性为前提,可以在28 d 后取芯或在未凝以前软取芯(软弱黏性土地基)。标准贯入法和静力触探法在有经验的情况下也可以应用。载荷试验是建筑地基处理后检验地基承载力的良好方法。围井注水试验通常在工程有防渗漏要求时采用。建筑物的沉降观测及基坑开挖过程测试和观察是全面检查建筑地基处理质量的不可缺少的重要方法。

(2)检验点应布置在下列部位:有代表性的桩位;施工中出现异常情况的部位;地基情况复杂,可能对高压喷射注浆质量产生影响的部位。

(3)检验点的数量为施工注浆孔数的1%,并不应少于3 个检验点。不合格者应进行补喷,质量检验应在高压喷射注浆结束28 d后进行。

(4)竖向承载的旋喷桩复合地基竣工验收时,承载力检验应采用复合地基载荷试验和单桩载荷试验。载荷试验必须在桩身强度满足试验的条件下,并宜在成桩28 d 后进行。检验数量为施工桩总数的0.5% ~1%,且每项单体工程不得少于3 个检验点。

　　高压喷射注浆处理地基的强度离散性大,在软弱黏性土中,强度增长速度较慢。检验时间应在喷射注浆后 28 d 进行,以防固结体强度不高时因检验而受到破坏,影响检验的可靠性。

第六节　水泥土搅拌法

　　水泥土搅拌法是利用水泥等材料作为固化剂通过特制的搅拌机械,就地将软土和固化剂(浆液或粉末)强制搅拌。首先发生水泥分解,水化反应生成水化物,然后水化物胶结与颗粒发生粒子交换,通过粒化作用和硬凝反应,使软土硬结成具有整体性、水稳性和一定强度的水泥加固土,从而提高地基土强度和增大变形模量,达到加固软土地基的效果。

　　水泥土搅拌法处理软弱黏性土地基是一种行之有效的办法,可最大限度地利用地基原状土,处理后的复合地基承载力明显提高、适应性强,与类似地基处理方法相比,可节约投资。

一、适用范围

　　水泥土搅拌法分为水泥浆搅拌法(简称湿法)和粉体喷搅法(简称干法),适用于处理正常固结的淤泥与淤泥质土、粉土、饱和黄土、素填土、黏性土以及无流动地下水的饱和松散砂土等地基。水泥浆搅拌法(湿法)最早在美国研制成功,称为 Mixed-in-Place Pile(简称 MIP 法),国内 1977 年由冶金部建筑研究总院和交通部水运规划设计院进行了室内试验和机械研制工作。于 1978 年底制造出国内第一台 SJB - 1 型双搅拌轴中心管输浆的搅拌机械,并由江阴市江阴振冲器厂成批生产(目前 SJB - 2 型的加固深度可达18 m)。1980 年初,在上海宝钢三座卷管设备基础的软土地基加固工程中首次获得成功。1980 年初,天津市机械施工公司与交通部一航局科研所利用日本进口螺旋钻孔机械进行改装,制成单搅拌轴和叶片输浆型搅拌机。1981 年,在天津造纸厂蒸煮锅改造扩建工程中获得成功。

粉体喷搅法(干法)(Dry Jet Mixing Method,简称 DJM 法)最早由瑞典人 Kjeld Paus 于 1967 年提出了使用石灰搅拌桩加固 15 m 深度范围内软土地基的设想,并于 1971 年由瑞典 Linden-Alimat 公司在现场制成第一根用石灰粉和软土搅拌成的桩,1974 年获得粉喷技术专利,生产出的专用机械的桩径为 500 mm,加固深度为 15 m。我国由铁道部第四勘测设计院于 1983 年用 DPP100 型汽车钻改装成国内第一台粉体喷射搅拌机,并使用石灰作为固化剂,应用于铁路涵洞加固。1986 年开始使用水泥作为固化剂,应用于房屋建筑的软土地基加固。1987 年,铁道部第四勘测设计院和上海探矿机械厂制成 GPP - 5 型步履式粉喷机,其成桩直径为 500 mm,加固深度为 12.5 m。当前国内粉喷机的成桩直径一般在 500 ~ 700 mm 范围内,深度一般可达 15 m。

当地基土的天然含水量小于 30%、大于 70% 或地下水的 pH 值小于 4 时不宜采用粉体喷搅法。

水泥土搅拌法用于处理泥炭土、有机质土、塑性指数 I_p 大于 25 的黏土、地下水具有腐蚀性时及无工程经验的地区,应用前必须通过现场试验确定其适用性。

二、作用机制

水泥土搅拌法的作用机制是基于水泥加固土的物理 - 化学反应过程。在水泥加固土中,由于水泥的掺量很小,仅占被加固土重的 5% ~ 20%,水泥的水解和水化反应完全是在具有一定活性的介质——土的围绕下进行的,硬凝速度缓慢且作用复杂。它与混凝土的硬化机制不同。混凝土的硬化主要是水泥在粗填充料(即比表面积不大、活性很弱的介质)中进行水解和水化作用,所以凝结速度较快。而在水泥加固土中,由于水泥的掺量很小,土质条件对于加固土质量的影响主要有两个方面:一是土体的物理力学性质对水泥土搅拌均匀性的影响,二是土体的物理化学性质对水泥土强度增加的影响。

目前初步认为,水泥加固软土主要产生下列反应。

(一)水泥的水解和水化反应

水泥遇水后,颗粒表面的矿物很快与水发生水解和水化反应,生成氢氧化钙、含水硅酸钙、含水铝酸钙与含水铁酸钙等化合物。其中,前两种化合物迅速溶于水中,使水泥颗粒新表面重新暴露出来,再与水作用,这样周围水溶液就逐渐达到饱和。当溶液达到饱和后,水分子虽继续深入颗粒内部,但新生成物已不能再溶解,只能以细分散状态的胶体析出,悬浮于溶液,形成凝胶体。

(二)离子交换和团粒化作用

土体中含量最多的二氧化硅遇水后形成硅酸胶体微粒,其表面带有钠离子 Na^+ 和钾离子 K^+,它们能和水泥水化生成的氢氧化钙中的钙离子 Ca^{2+} 进行当量离子交换,这种离子交换的结果使大量的土颗粒形成较大的土团粒。

水泥水化后生成的凝胶粒子的比表面积约是原水泥的比表面积的 1 000 倍,因而产生很大的表面能,具有强烈的吸附活性,能使较大的土团粒进一步结合起来,形成水泥蜂窝结构,并封闭各土团之间的空间,形成坚硬的联体。

(三)硬凝反应

随着水泥水化反应的深入,溶液中析出大量的钙离子 Ca^{2+},当钙离子的数量超过上述离子交换的需要量后,则在碱性的环境中使组成土矿物的二氧化硅及三氧化铝的一部分或大部分与钙离子进行化学反应,随着反应的深入,生成不溶于水的稳定结晶矿物,这种重新结合的化合物,在水中和空气中逐渐硬化,增大了土的强度,且由于水分子不易侵入,因而具有足够的稳定性。

三、水泥土搅拌法的优越性

水泥土搅拌法加固软土技术具有其独特优点:

(1)最大限度地利用了原土。

(2)搅拌时无振动、无噪声和无污染,可在密集建筑群中进行施工,对周围原有建筑物及地下沟管影响很小。

(3)根据上部结构的需要,可灵活地采用柱状、壁状、格栅状和块状等加固形式。

(4)与钢筋混凝土桩基相比,可节约钢材并降低造价。

水泥土搅拌法以其独特的优越性,目前已在工业与民用建筑领域广泛地运用。

四、设计

地基处理的设计和施工应贯彻执行国家的技术经济政策,坚持安全适用、技术先进、经济合理、确保质量、保护环境等原则。

(一)收集资料

确定处理方案前应收集拟处理区域内详尽的岩土工程资料。尤其是填土层的厚度和组成,软土层的分布范围、分层情况,地下水位及 pH 值,土的含水量、塑性指数和有机质含量等。

对拟采用水泥土搅拌法的工程,除常规的工程地质勘察要求外,尚应注意查明以下情况:

(1)填土层的组成。特别是大块物质(石块和树根等)的尺寸和含量。含大块石的填土层对水泥土搅拌法施工速度有很大的影响,所以必须清除大块石等再予以施工。

(2)土的含水量。当水泥土配比相同时,其强度随土样天然含水量的降低而增大。试验表明,当土的含水量在 50% ~85% 范围内变化时,含水量每降低 10%,水泥土强度可提高 30%。

(3)有机质含量。有机质含量较高会阻碍水泥水化反应,影响水泥土的强度增长,故对有机质含量较高的明、暗浜填土及吹填土应予以慎重考虑。许多设计单位往往采用在浜域内加大桩长的设计方案,但效果不理想。应从提高置换率和增加水泥掺入量的角度来保证浜域内的水泥土达到一定的桩身强度。工程实践表明,采用在浜内提高置换率(长、短桩结合)往往能得到理想的加固效果。对生活垃圾的填土不应采用水泥土搅拌法加固。

采用干法加固砂土应进行颗粒级配分析时,特别注意土的黏粒含量及对加固料有害的土中离子种类及数量,如 SO_4^{2-}、Cl^- 等。

设计前应进行拟处理土的室内配比试验。针对现场拟处理的最弱层软土的性质,选择合适的固化剂、外掺剂及其掺量,为设计提供各种龄期、各种配比的强度参数。

对于竖向承载的水泥土,强度宜取 90 d 龄期试块的立方体抗压强度平均值;对于承受水平荷载的水泥土,强度宜取 28 d 龄期试块的立方体抗压强度平均值。

水泥土的强度随龄期的增长而增大,在龄期超过 28 d 后,强度仍有明显增长,为了降低造价,对承重搅拌桩试块国内外都取 90 d 龄期为标准龄期。对起支挡作用承受水平荷载的搅拌桩,为了缩短养护期,水泥土强度标准取 28 d 龄期为标准龄期。从抗压强度试验得知,在其他条件相同时,不同龄期的水泥土抗压强度间关系大致呈线性关系。在龄期超过 3 个月后,水泥土强度增长缓慢。180 d 的水泥土强度为 90 d 的 1.25 倍,而 180 d 后水泥土强度增长仍未终止。

当拟加固的软弱地基为成层土时,应选择最弱的一层土进行室内配比试验。

(二)设计思路

对于一般建筑物,都是在满足强度要求的条件下以沉降进行控制的,应采用以下沉降控制设计思路:

(1)根据地层结构进行地基变形计算,由建筑物对变形的要求确定加固深度,即选择设计桩长。

(2)根据土质条件、固化剂掺量、室内配比试验资料和现场工程经验选择桩身强度和水泥掺入量及有关施工参数。

(3)根据桩身强度的大小及桩的断面尺寸,由地基处理规范中的估算式计算单桩承载力。

(4)根据单桩承载力和上部结构要求达到的复合地基承载力,由地基处理规范中的公式计算桩土面积置换率。

(5)根据桩土面积置换率和基础形式进行布桩,桩可只在基础平面范围内布置。

(三)设计步骤

水泥土桩的强度和刚度是介于柔性桩(砂桩、碎石桩等)和刚性桩(钢管桩、混凝土桩)之间的一种半刚性桩。它所形成的桩体在无侧限情况下可保持直立,在轴向力作用下又有一定的压缩性,但其承载性能又与刚性桩相似,因此在设计时可仅在上部结构基础范围内布桩,不必像柔性桩一样需在基础外设置护桩。

在明确了水泥土搅拌桩的设计思路之后,相应的设计步骤简要阐述如下。

1.布置形式

水泥土搅拌桩的布置形式对加固效果影响很大,一般根据工程地质特点和上部结构要求采用柱状、壁状、格栅状、块状及长短桩相结合等不同加固形式(见图3-5)。

1)柱状

柱状布置是每隔一定距离打设一根水泥土桩,形成柱状加固

　　　　(a)柱状　　　　　　　　　　　(b)长短桩相结合

图 3-5　搅拌桩的几种布置形式

形式,它可以充分发挥桩身强度与桩周侧阻力。

2)壁状

壁状布置是将相邻桩体部分重叠搭接成为壁状加固形式,适用于深基坑开挖时的边坡加固及建筑物长高比大、刚度小、对不均匀沉降比较敏感的多层房屋条形基础下的地基加固。

3)格栅状

格栅状布置是纵横两个方向的相邻桩体搭接而形成的加固形式,适用于对上部结构单位面积荷载大和对不均匀沉降要求控制严格的建(构)筑物的地基加固。

4)长短桩相结合

当地质条件复杂,同一建筑物坐落在两类不同性质的地基土上时,可用 3 m 左右的短桩将相邻长桩连成壁状或格栅状,藉以调整和减小不均匀沉降量。

水泥土桩加固设计中往往以群桩形式出现,群桩中各桩与单桩的工作状态迥然不同。试验结果表明,双桩承载力小于两根单桩承载力之和;双桩沉降量大于单桩沉降量。可见,当桩距较小时,由于应力重叠产生群桩效应。因此,在设计时当水泥土桩的置换率较大($m > 20\%$),且非单行排列,而桩端下又存在较软弱的土层时,尚应将桩与桩间土视为一个假想的实体基础,用以验算软弱下卧层的地基承载力。

2. 固化剂

根据室内试验,一般认为用水泥做加固料,对含有高岭石、多水高岭石、蒙脱石等黏土矿物的软土加固效果较好;而对含有伊利石、氯化物和水铝石英等矿物的黏性土及有机质含量高,pH 值较低的黏性土加固效果较差。

在黏粒含量不足的情况下,可以添加粉煤灰。而当黏土的塑性指数 I_p 大于 25 时,容易在搅拌头叶片上形成泥团,无法完成水泥土的拌和。当地基土的天然含水量小于 30% 时,由于不能保证水泥充分水化,故不宜采用干法。

采用水泥作为固化剂材料,在其他条件相同时,在同一土层中水泥掺入比不同时,水泥土强度将不同。对于块状加固的大体积处理,对水泥土的强度要求不高,因此为了节约水泥、降低成本,可选用 7% ~12% 的水泥掺量。水泥掺入比大于 10% 时,水泥土强度可达 0.3 ~2 MPa。水泥土的抗压强度随其相应的水泥掺入比的增加而增大,但因场地土质与施工条件的差异,掺入比的提高与水泥土强度增加的百分比是不完全一致的。

根据室内模型试验和水泥土桩的加固机制分析,其桩身轴向应力自上而下逐渐减小,其最大轴力位于桩顶 3 倍桩径范围内。因此,在水泥土单桩设计中,为节省固化剂材料和提高施工效率,设计时可采用变掺量的施工工艺,获得良好的技术经济效果。

水泥强度等级直接影响水泥土的强度,水泥强度等级提高 10 级,水泥土强度 f_{cu} 增大 20% ~30%。如要求达到相同强度,水泥强度等级提高 10 级可降低水泥掺入比 2% ~3%。

固化剂宜选用强度等级为 32.5 级及以上的普通硅酸盐水泥。水泥掺量宜为被加固湿土质量的 12% ~20%。施工前应进行拟处理土的室内配比试验。

固化剂与土的搅拌均匀程度对加固体的强度有较大的影响，实践证明采取复搅工艺对提高桩体强度有较好的效果。

外掺剂对水泥土强度有着不同的影响。木质素磺酸钙对水泥土强度的增长影响不大，主要起减水作用；三乙醇胺、氯化钙、碳酸钠、水玻璃和石膏等材料对水泥土强度有增强作用，其效果对不同土质和不同水泥掺入比又有所不同；当掺入与水泥等量的粉煤灰后，水泥土强度可提高10%左右。因此，在加固软土时掺入粉煤灰不仅可消耗工业废料，符合环境保护要求，还可使水泥土强度有所提高。

3. 搅拌桩的置换率和长度

水泥土搅拌桩的设计，主要是确定搅拌桩的置换率和长度。竖向承载搅拌桩的长度应根据上部结构对承载力和变形的要求确定，并穿透软弱土层到达承载力相对较高的土。为提高抗滑稳定性而设置的搅拌桩，其桩长应超过危险滑弧以下2 m。

湿法的加固深度不宜大于20 m，干法不宜大于15 m。水泥土搅拌桩的桩径不应小于500 mm。

对软土地区，地基处理的任务主要是解决地基的变形问题，即地基是在满足强度的基础上以变形进行控制的，因此水泥土搅拌桩的桩长应通过变形计算来确定。对于变形来说，增加桩长对减少沉降是有利的。实践证明，若水泥土搅拌桩能穿透软弱土层到达强度相对较高的持力层，则沉降量是很小的。

对于水泥土桩，其桩身强度是有一定限制的，也就是说，水泥土桩从承载力角度，存在一个有效桩长，单桩承载力在一定程度上并不随桩长的增加而增大。但当软弱土层较厚，从减少地基的变形量方面考虑，桩应设计较长，原则上，桩长应穿透软弱土层到达下卧强度较高的土层，尽量在深厚软土层中避免采用"悬浮"

桩型。

从承载力角度来讲,提高置换率比增加桩长的效果好。水泥土桩是介于刚性桩与柔性桩间的具有一定压缩性的半刚性桩,桩身强度越高,其特性越接近刚性桩;反之则接近柔性桩。桩越长,则对桩身强度要求越高,但过高的桩身强度对复合地基承载力的提高及桩间土承载力的发挥是不利的。为了充分发挥桩间土的承载力和复合地基的潜力,应使土对桩的支承力与桩身强度所确定的单桩承载力接近。通常使后者略大于前者较为安全和经济。

初步设计时,根据复合地基承载力特征值和单桩竖向承载力特征值的估算公式,可初步确定桩径、桩距和桩长。

(1)复合地基承载力特征值:

$$f_{spk} = mR_a/A_p + \beta(1 - m)f_{sk}$$

$$m = d^2/d_e^2$$

式中符号意义同前。

当桩端土未经修正的承载力特征值大于桩周土的承载力特征值的平均值时,折减系数 β 可取 $0.1 \sim 0.4$,差值大时取低值;当桩端土未经修正的承载力特征值小于或等于桩周土的承载力特征值的平均值时,折减系数 β 可取 $0.5 \sim 0.9$,差值大时或设置褥垫层时取高值。

桩间土承载力折减系数 β 是反映桩土共同作用的一个参数。如 $\beta = 1$,则表示桩与土共同承受荷载,由此得出与柔性桩复合地基相同的计算公式;如 $\beta = 0$,则表示桩间土不承受荷载,由此得出与一般刚性桩基相似的计算公式。

对比水泥土和天然土的应力—应变关系曲线及复合地基和天然地基的 $P \sim S$ 曲线可见,在发生与水泥土极限应力值相对应的应变值时,或在发生与复合地基承载力设计值相对应的沉降值时,天然地基所提供的应力或承载力小于其极限应力或承载力值。考虑水泥土桩复合地基的变形协调,引入折减系数 β,它的取值与桩间土和桩端土的性质、搅拌桩的桩身强度和承载力、养护龄期等因素有关。桩间土较好、桩端土较弱、桩身强度较低、养护龄期较短,则 β 取高值;反之,则 β 取低值。

确定 β 值还应根据建筑物对沉降的要求:当建筑物对沉降要求控制较严时,即使桩端土是软土,β 值也应取小值,这样较为安全;当建筑物对沉降要求控制较低时,即使桩端土为硬土,β 值也可取大值,这样较为经济。

(2)单桩竖向承载力特征值:

$$R_a = u_p \sum_{i=1}^{n} q_{si}l_i + \alpha q_p A_p \qquad (3-20)$$

式中 α——桩端天然地基的承载力折减系数,可取 0.4 ~ 0.6,承载力高时取低值;

其他符号意义同前。

为使由桩身材料强度确定的单桩承载力大于或等于由桩周土和桩端土的抗力所提供的单桩承载力,应同时满足下列要求:

$$R_a = \eta f_{cu} A_p$$

式中 f_{cu}——与搅拌桩桩身水泥土配比相同的室内加固土试块(边长为 70.7 mm 的立方体,也可采用边长为 50 mm 的立方体)在标准养护条件下 90 d 龄期的立方体抗压强度平均值,kPa;

η——桩身强度折减系数,干法可取 0.20 ~ 0.30,湿法可取 0.25 ~ 0.33。

当搅拌桩处理范围以下存在软弱下卧层时,可按现行国家标准《建筑地基基础设计规范》(GB 50007—2002)的有关规定进行下卧层强度验算。

4.褥垫层的设置

在复合地基设计中,基础与桩和桩间土之间设置一定厚度散体粒状材料组成的褥垫层,是复合地基的一个核心技术。基础下是否设置褥垫层,对复合地基受力影响很大。若不设置褥垫层,复合地基承载特性与桩基础相似,桩间土承载能力难以发挥,不能成为复合地基。基础下设置褥垫层,桩间土承载力的发挥就不单纯依赖于桩的沉降,即使桩端落在坚硬的土层上,也能保证荷载通过褥垫层作用到桩间土上,使桩土共同承担荷载。

水泥土搅拌桩复合地基应在基础和桩之间设置褥垫层,可以保证基础始终通过褥垫层把一部分荷载传到桩间土上,调整桩和土荷载的分担作用。特别是当桩身强度较大时,在基础下设置褥垫层可以减小桩土应力比,充分发挥桩间土的作用,减少基础底面的应力集中。

褥垫层厚度取为 200 ~ 300 mm,其材料可选用中砂、粗砂、级配砂石等,最大粒径不宜大于 20 mm。

5.地基变形验算

水泥土搅拌桩复合地基的变形包括复合土层的压缩变形和桩端以下未处理土层的压缩变形。

竖向承载搅拌桩复合土层的压缩变形可按下式计算:

$$S_1 = \frac{(P_z + P_{zl})l}{2E_{sp}} \qquad (3-21)$$

$$E_{sp} = mE_p + (1 - m)E_s \qquad (3-22)$$

式中　S_1——复合土层的压缩变形,mm;

　　　P_z——搅拌桩复合土层顶面的附加压力值,kPa;

　　　P_{zl}——搅拌桩复合土层底面的附加压力值,kPa;

　　　E_{sp}——搅拌桩复合土层的压缩模量,kPa;

　　　E_p——搅拌桩的压缩模量,可取 (100 ~ 120) f_{cu},kPa,对桩

　　较短或桩身强度较低者可取低值,反之可取高值;

　　E_s——桩间土的压缩模量,kPa。

　　式(3-21)和式(3-22)是半理论半经验的搅拌桩水泥土体的压缩量计算公式。根据大量水泥土单桩复合地基载荷试验资料,得到在工作荷载下水泥土桩复合地基的复合模量,一般为 15 ~ 25 MPa,其大小受面积置换率、桩间土质和桩身质量等因素的影响。根据理论分析和实测结果,复合地基的复合模量总是大于由桩的模量与桩间土的模量的面积加权之和。大量的水泥土桩设计计算及实测结果表明,群桩体的压缩变形量仅为 10 ~ 50 mm。

　　桩端以下未处理土层的压缩变形值可按现行国家标准《建筑地基基础设计规范》(GB 50007—2002)的有关规定进行计算。

　　6. 水泥土常用参数经验值

　　对有关水泥土室内试验所获得的众多物理力学指标进行分析,可见水泥土的物理力学性质与固化剂的品种、强度、性状,水泥土的养护龄期,外掺剂的品种、掺量均有关。因此,为了判断某种土类用水泥加固的效果,必须首先进行室内配比试验。作为先期的知识,或者在地基处理方案比较阶段,以下经验数据可供参考。

　　(1)任何土类均可采用水泥作为固化剂(主剂)进行加固,只是加固效果不同。砂性土的加固效果要好于黏性土,而含有砂粒的粉土固化后,其强度又大于粉质黏土和淤泥质粉质黏土,并且随着水泥掺量的增加、养护龄期的增长,水泥土的强度也会提高。

　　(2)与天然土相比,在常用的水泥掺量范围内,水泥土的重度增加不大,含水量降低不多,且抗掺性能大大改善。

　　(3)对于天然软土,当掺加普通硅酸盐水泥的强度为 32.5 MPa、掺量为 10% ~15% 时,90 d 标准龄期水泥土无侧限抗压强度可达到 0.80 ~2.0 MPa。更长龄期强度试验表明,水泥土的强度还有一定的增加,尚未发现强度降低现象。

（4）可由短龄期（龄期超过 15 d）的水泥土强度推求标准龄期（90 d）时的水泥土无侧限抗压强度。

（5）水泥土的抗拉强度为抗压强度的 1/15 ~ 1/10。水泥土的变形模量数值为抗压强度的 120 ~ 150 倍，压缩模量变化在 60 ~ 100 MPa 范围内水泥土破坏时的轴向应变很小，一般为 0.8% ~ 1.5%，且呈脆性破坏。

（6）从现场实体水泥土桩身取样的试块强度为室内水泥土试块强度的 1/5 ~ 1/3。

五、施工

（一）施工准备

（1）水泥土搅拌法施工现场事先应予以平整，必须清除地上和地下的障碍物。

国产水泥土搅拌机的搅拌头大都采用双层（或多层）十字杆形或叶片螺旋形。这类搅拌头切削和搅拌加固软土十分合适，但对块径大于 100 mm 的石块、树根和生活垃圾等大块物的切割能力较差，即使将搅拌头作了加强处理后已能穿过块石层，但施工效率较低，机械磨损严重。因此，施工时应予以挖除后再填素土为宜，增加的工程量不大，但施工效率却可大大提高。

（2）施工前应根据设计进行工艺性试桩，数量不得少于 2 根。以提供满足设计固化剂掺入量的各种操作参数，验证搅拌均匀程度及成桩直径，并了解下钻及提升的阻力情况，采取相应的措施。

工艺性试桩的目的是提供满足设计固化剂掺入量的各种操作参数；验证搅拌均匀程度及成桩直径；了解下钻及提升的阻力情况，并采取相应的措施。

（3）施工机械。

目前，国内使用的深层搅拌桩机械较多，样式大同小异，用于湿法浆喷施工的机械分别有单轴(SJB-3)、双轴(SJB-1)和三轴(SJB-4)的深层搅拌桩机,加固深度可达 20 m。单轴的深层搅拌桩机单桩截面面积为 0.22 m^2,双轴的深层搅拌桩机单桩截面面积为 0.71 m^2,三轴的深层搅拌桩机单桩截面面积为 1.20 m^2(可用于设计中间插筋的重力式挡土墙施工);SJB 系列的设备常用钻头设计是多片桨叶搅拌形式。深层搅拌桩施工时除使用深层搅拌桩机外,还需要配置灰浆拌制机、集料斗、灰浆泵等配套设备。

用于干法施工的机械分别有 CPP-5、CPP-7、FP-15、FP-18、FP-25 等机型。加固极限深度是 18 m,单桩截面面积为 0.22 m^2,喷灰钻头呈螺旋形状;送灰器容量为 1.2 t,配置 1.6 m^3/s 空压机,最远送灰距离为 50 m。干法施工的机械也可用于湿法施工,施工时撤除干法施工的配套设备,钻头须改成双十字叶片式钻头,另配置灰浆拌制机、灰浆泵等配套设备。

搅拌头翼片的枚数、宽度、与搅拌轴的垂直夹角、搅拌头的回转数、提升速度应相互匹配,以确保加固深度范围内土体的任何一点均能经过 20 次以上的搅拌。深层搅拌机施工时,搅拌次数越多,则拌和越均匀,水泥土强度也越高,但施工效率则降低。试验证明,当加固范围内土体任一点的水泥土每遍经过 20 次的拌和,其强度即可达到较高值。

(二)施工步骤

水泥土搅拌法的施工步骤由于湿法和干法的施工设备不同而略有差异,其主要步骤应为:

(1)搅拌机械就位、调平。

(2)预搅下沉至设计加固深度。

(3)边喷浆(粉)、边搅拌提升,直至预定的停浆面。

(4)重复搅拌下沉至设计加固深度。

(5)根据设计要求,喷浆(粉)或仅搅拌提升直至预定的停浆

（灰）面。

（6）关闭搅拌机械。

（三）湿法

（1）施工前应确定灰浆泵输浆量、灰浆经输浆管到达搅拌机喷浆口的时间和起吊设备提升速度等施工参数,并根据设计要求通过工艺性成桩试验确定施工工艺。

每一个水泥土搅拌桩的施工现场,由于土质有差异、水泥的品种和强度等级不同,搅拌加固质量有较大的差别,所以在正式搅拌桩施工前,均应按施工组织设计确定的搅拌施工工艺制作数根试桩,最后确定水泥浆的水灰比、泵送时间、搅拌机提升速度和复搅深度等参数。

（2）所使用的水泥都应过筛,机制备好的浆液不得离析,泵送必须连续。拌制水泥浆液的罐敷、水泥和外掺剂用量及泵送浆液的时间等应有专人记录;喷浆量及搅拌深度必须采用经国家计量部门认证的监测仪器进行自动记录。

由于搅拌机械通常采用定量泵输送水泥浆,转速大多又是恒定的,因此灌入地基中的水泥量完全取决于搅拌机的提升速度和复搅次数,施工过程中不能随意变更,并应保证水泥浆能定量不间断供应。采用自动记录是为了最大程度地降低人为干扰施工质量,目前市售的记录仪必须有国家计量部门的认证。严禁采用由施工单位自制的记录仪。

由于固化剂从灰浆泵到达搅拌机械的出浆口需通过较长的输浆管,必须考虑水泥浆到达桩端的泵送时间。一般可通过试打桩确定其输送时间。

（3）搅拌机喷浆提升的速度和次数必须符合施工工艺的要求,并应有专人记录。

搅拌桩施工检查是检查搅拌桩施工质量和判明事故原因的基

本依据,因此对每一延米的施工情况均应如实、及时记录,不得事后回忆补记。

施工中要随时检查自动计量装置的制桩记录,对每根桩的水泥用量、成桩过程(下沉、喷浆提升和复搅等时间)进行详细检查,质检员应根据制桩记录,对照标准施工工艺,对每根桩进行质量评定。

(4)当水泥浆液到达出浆口后,为了确保搅拌桩底与土体充分搅拌均匀,达到较高的强度,应喷浆搅拌 30 s,在水泥浆与桩端土充分搅拌后,再开始提升搅拌头。

(5)搅拌机预搅下沉时不宜冲水,当遇到硬土层下沉太慢时,方可适量冲水,但应考虑冲水对桩身强度的影响。

深层搅拌机预搅下沉时,当遇到较坚硬的表土层而使下沉速度过慢时,可适当加水下沉。试验表明,当土层的含水量增加,水泥土的强度会降低。但考虑到搅拌设计中一般是按下部最软的土层来确定水泥掺量的,因此只要表层的硬土经加水搅拌后的强度不低于下部软土加固后的强度,也是能满足设计要求的。

(6)施工时如因故停浆,应将搅拌头下沉至停浆点以下 0.5 m处,待恢复供浆时再喷浆搅拌提升。中途停止输浆 3 h 以上将使水泥浆在整个输浆管路中凝固,因此必须排清全部水泥浆,清洗管路。

(7)壁状加固时,相邻桩的施工时间间隔不宜超过 24 h。当间隔时间太长,与相邻桩无法搭接时,应采取局部补桩或注浆等补强措施。

(四)干法

(1)喷粉施工前应仔细检查搅拌机械、供粉泵、送气(粉)管路、接头和阀门的密封性、可靠性。送气(粉)管路的长度不宜大于 60 m。

每个场地开工前的成桩工艺试验必不可少,由于制桩喷灰量与土性、孔深、气流量等多种因素有关,故应根据设计要求逐步调试,藉以确定施工有关参数(如土层的可钻性、提升速度、叶轮泵转速等),以便正式施工时能顺利进行。施工经验表明,送气(粉)管路长度超过 60 m 后,送粉阻力明显增大,送粉量也不易达到恒定。

(2)喷粉施工机械必须配置经国家计量部门确认的具有能瞬时检测并记录出粉量的粉体计量装置及搅拌深度自动记录仪。由于干法喷粉搅拌是用可任意压缩的压缩空气输送水泥粉体的,因此送粉量不易严格控制,所以要认真操作粉体自动计量装置,严格控制固化剂的喷入量,满足设计要求。

(3)搅拌头每旋转一周,其提升高度不得超过 16 m。合格的粉喷桩机一般已考虑提升速度与搅拌头转速的匹配,钻头均约每搅拌一圈提升 15 mm,从而保证成桩搅拌的均匀性。但每次搅拌时,桩体将出现极薄软弱结构面,这对承受水平剪力是不利的。一般可通过复搅的方法来提高桩体的均匀性,消除软弱结构面,提高桩体抗剪强度。

(4)搅拌头的直径应定期复核检查,其磨耗量不得大于 10 mm。定时检查成桩直径及搅拌的均匀程度。粉喷桩桩长大于 10 m 时,其底部喷粉阻力较大,应适当减慢钻机提升速度,以确保固化剂的设计喷入量。

(5)当搅拌头到达设计桩底以上 1.5 m 时,应立即开启喷粉机提前进行喷粉作业。当搅拌头提升至地面下 500 mm 时,喷粉机应停止喷粉。固化剂从料罐到喷灰口有一定的时间延迟,严禁在没有喷粉的情况下进行钻机提升作业。

(6)成桩过程中因故停止喷粉,应将搅拌头下沉至停灰面以下 1 m 处,待恢复喷粉时再喷粉搅拌提升。

（7）需在地基土天然含水量小于30%土层中喷粉成桩时应采用地面注水搅拌工艺。如不及时在地面浇水，将使地下水位以上区段的水泥土水化不完全，造成桩身强度降低。

（五）施工注意事项

（1）施工中应保持搅拌桩机底盘的水平和导向架的竖直，搅拌桩的垂直偏差不得超过1%；桩位的偏差不得大于50 mm；成桩直径和桩长不得小于设计值。

（2）要根据加固强度和均匀性预搅，软土应完全预搅切碎，以利于水泥浆均匀搅拌。

①压浆阶段不允许发生断浆现象，输浆管不能发生堵塞。

②严格按设计确定数据，控制喷浆、搅拌和提升速度。

③控制重复搅拌时的下沉速度和提升速度，以保证加固范围每一深度内得到充分搅拌。

④竖向承载搅拌桩施工时，停浆（灰）面应高于桩顶设计标高300～500 mm。

根据实际施工经验，搅拌法在施工到顶端0.3～0.5 m范围时，因上覆土压力较小，搅拌质量较差。因此，其场地整平标高应比设计确定的桩顶标高再高出0.3～0.5 m，桩制作时仍施工到地面。待开挖基坑时，再将上部0.3～0.5 m的桩身质量较差的桩段挖去。现场实践表明，当搅拌桩作为承重桩进行基坑开挖时，桩身水泥土已有一定的强度，若用机械开挖基坑，往往容易碰撞损坏桩顶，因此基底标高以上0.3 m宜采用人工开挖，以保护桩头质量。

（六）主要安全技术措施

（1）深层搅拌机冷却循环水在整个施工过程中不能中断，应经常检查进水温度和回水温度，回水温度不应过高。

（2）深层搅拌机的入土切削和提升搅拌，负载太大及电机工作电流超过额定值时，应减慢提升速度或补给清水，一旦发生卡钻或停钻现象,应切断电源,将搅拌机强制提起之后,才能重新启动电机。

(3)深层搅拌机电网电压低于 380 V 应暂停施工,以保护电机。

(4)灰浆泵及输浆管路。

①泵送水泥浆前管路应保持湿润,以利于输浆。

②水泥浆内不得有硬结块,以免吸入泵内损坏缸体,每日完工后,需彻底清洗一次,喷浆搅拌施工过程中,如果发生故障停机超过半小时宜拆卸管路,排除灰浆,妥为清洗。

③灰浆泵应定期拆开清洗,注意保持齿轮减速器内润滑油清洁。

(5)深层搅拌机械及起重设备,在地面土质松软环境下施工时,场地要铺填石块、碎石,平整压实,根据土层情况,铺垫枕木、钢板或特制路轨箱。

六、质量检验

制桩质量的优劣直接关系到地基处理的效果,其中的关键是注浆量、水泥浆与软土搅拌的均匀程度。

(1)水泥土搅拌桩的质量控制应贯穿施工的全过程,并应坚持全程的施工监理。检查重点是水泥用量、桩长、搅拌头转数和提升速度、复搅次数和复搅深度、停浆处理方法等。

(2)水泥土搅拌桩的施工质量检验。

成桩 7 d 后,采用浅部开挖桩头(深度宜超过停浆(灰)面下 0.5 m),目测检查搅拌的均匀性,量测成桩直径。检查量为总桩数的 5%。各施工机组应对成桩质量随时检查,及时发现问题并及时处理。开挖检查仅仅是浅部桩头部位,目测其成桩大致情况,例如成桩直径、搅拌均匀程度等。

成桩后 3 d 内,可用轻型动力触探(N_{10})检查每米桩身的均匀性。检验数量为施工总桩数的 1%,且不少于 3 根。由于每次落锤能量较小,连续触探一般不大于 4 m;但是如果采用从桩顶开始至桩底,每米桩身先钻孔 700 mm,然后触探 300 mm,并记录锤击数的操作方法,则触探深度可加大。触探杆宜用铝合金制造,可不考虑杆长的修正。

(3)复合地基竣工验收时,承载力检验应采用复合地基载荷试验和单桩载荷试验。载荷试验必须在桩身强度满足试验荷载条件时,并宜在成桩 28 d 后进行。检验数量为桩总数的 0.5% ~ 1%,且每项单体工程不应少于 3 个检验点。

经触探和载荷试验检验后对桩身质量有怀疑时,应在成桩 28 d 后,用双管单动取样器钻取芯样做抗压强度检验,检验数量为施工总桩数的 0.5%,且不少于 3 根。

(4)对相邻桩搭接要求严格的工程,应在成桩 15 d 后,选取数根桩进行开挖,检查搭接情况。

用做止水的壁状水泥桩体,在必要时可开挖桩顶 3 ~ 4 m 深度,检查其外观搭接状态。另外,也可沿壁状加固体轴线斜向钻孔,使钻杆通过 2 ~ 4 根桩身,即可检查深部相邻桩的搭接状态。

(5)基槽开挖后,应检验桩位、桩数与桩顶质量,如不符合设计要求,应采取有效补强措施。

水泥土搅拌桩施工时,由于各种因素的影响,有可能不符合设计要求。只有基槽开挖后测放了建筑物轴线或基础轮廓线后,才能对偏位桩的数量、部位和程度进行分析及确定补救措施。因此,水泥土搅拌法的施工验收工作宜在开挖基槽后进行。

对于水泥土搅拌桩的检测,目前应该在使用自动计量装置进行施工全过程监控的前提下,采用单桩和复合地基载荷试验进行检验。

第七节　水泥粉煤灰碎石桩(CFG 桩)法

　　水泥粉煤灰碎石桩(简称 CFG 桩)的骨干材料为碎石粗骨料,石屑为中等粒径骨料,以改善桩体级配,增强桩体强度;粉煤灰是细骨料,具有低强度等级水泥的作用,可使桩体具有明显的后期强度。这种地基处理方法吸取了振冲碎石桩和水泥搅拌桩的优点:其一,施工工艺简单,与振冲碎石桩相比,无场地污染,振动影响也小;其二,所用材料仅需少量水泥,便于就地取材,节约材料;其三,可充分利用工业废料,利于环保;其四,施工可不受地下水位的影响。

　　CFG 桩掺入料粉煤灰是燃烧发电厂排出的一种工业废料,它是磨至一定细度的粉煤灰在煤粉炉中燃烧(1 100 ~ 1 500 ℃)后,由收尘器收集的细灰,简称干灰。用湿法排灰所得的粉煤灰称为湿灰,由于其部分活性先行水化,所以其活性较干灰低。粉煤灰的活性是影响混合料强度的主要指标,活性越高,混合料需水量越少,强度越高;活性越低,混合料需水量越多,强度越低。不同的发电厂收集的粉煤灰,由于原煤种类、燃烧条件、煤粉细度、收灰方式的不同,其活性有很大差异,所以对混合料的强度有很大影响。粉煤灰的活性取决于各种粒度 Al_2O_3 和 SiO_2 的含量,CaO 对粉煤灰的活性也很有利。粉煤灰的粒度组成是影响粉煤灰质量的主要指标,一般粉煤灰越细,球形颗粒越多,水化及接触界面增加,容易发挥粉煤灰的活性。

　　CFG 桩的骨料为碎石,掺入石屑以填充碎石的空隙,使级配良好,接触表面积增大,提高桩体抗剪强度。

一、适用范围

　　CFG 桩复合地基处理技术适用于处理黏性土、粉土、砂土和已自重固结的素填土等地基。它是由水泥、粉煤灰、碎石、石屑或砂加水拌和形成的高黏结强度桩,桩、桩间土和褥垫层一起构成复合地基。

CFG 桩复合地基具有承载力提高幅度大、地基变形小等特点,并具有较大的适用范围。就基础形式而言,既适用于条形基础、独立基础,也适用于箱形基础、筏板基础;既有工业厂房,也有民用建筑。就土性而言,适用于处理黏土、粉土、砂土和正常固结的素填土等地基。对淤泥质土,应通过现场试验确定其适用性。

CFG 桩不仅用于承载力较低的土,对承载力较高(如承载力 $f_{ak} = 200$ kPa),但变形不能满足要求的地基,也可采用以减少地基变形。

目前,根据已积累的工程实例,用 CFG 桩处理承载力较低的地基多用于多层住宅和工业厂房。比如南京浦镇车辆厂厂南生活区 24 幢 6 层住宅楼,原地基土承载力特征值为 60 kPa 的淤泥质土,经处理后复合地基承载力特征值达 240 kPa,基础形式为条形基础,建筑物最终沉降多在 4 cm 左右。

对于一般黏性土、粉土或砂土,桩端具有好的持力层,经水泥粉煤灰碎石桩处理后可作为高层或超高层建筑地基,如北京华亭嘉园 35 层住宅楼,天然地基承载力特征值为 $f_{ak} = 200$ kPa,采用 CFG 桩处理后建筑物沉降 3 ~ 4 cm。对于可液化地基,可采用碎石桩和 CFG 桩多桩型复合地基,一般先施工碎石桩,然后在碎石桩中间打沉管水泥粉煤灰碎石桩,既可消除地基土的液化,又可获取很高的复合地基承载力。

二、作用机制

(一)桩体作用

由于桩体材料高于软土地层,在荷载作用下,CFG 桩的压缩性明显比桩间土小,因此基础传给复合地基附加应力,随着地层变形逐渐集中到桩体上,出现应力集中现象。大部分荷载由桩体承受,桩间土应力明显减小,复合地基承载力较天然地基有所提高,随着桩体刚度增加,桩体作用发挥更加明显。

（二）垫层作用

CFG 桩复合地基的褥垫层,是由厚度一般为 100 ~ 300 mm 的粒状材料组成的散体垫层。CFG 桩和桩间土一起,通过褥垫层形成 CFG 桩复合地基。褥垫层为桩向上刺入提供了条件,并通过垫层材料的流动补给,使桩间土与基础始终保持接触。在桩土共同作用下,地基土的强度得到一定发挥,相应地减少了对桩的承载力要求。

（三）加速排水固结

CFG 桩在饱和粉土和砂土中施工时,由于成桩和振动作用,会使土体产生超孔隙水压力。刚施工完的 CFG 桩为一个良好的排水通道,孔隙水沿桩体向上排出,直到 CFG 桩体硬结。有资料表明,这一系列排水作用对减少孔压引起地面隆起（黏性土层）和沉陷（砂性土层）,对增加桩间土的密实度和提高复合地基承载力极为有利。

（四）振动挤密

CFG 桩采用振动沉管法施工时,由于振动和挤密作用使桩间土得到挤密,特别在砂土层这一作用更加明显。砂土在高频振动下,产生液化并重新排列致密,而且在桩体粗骨料（碎石）填入后挤入土中,使砂土的相对密实度增加,孔隙率降低,干密度和内摩擦角增大,改善了土的物理力学性能,抗液化能力也有所提高。

CFG 桩复合地基既可用于挤密效果好的土质,又可用于挤密效果差的土质。当 CFG 桩用于挤密效果好的土体时,承载力的提高既有挤密作用又有置换作用;当 CFG 桩用于挤密效果差的土体时,承载力的提高只与置换作用有关。与其他复合地基的桩型相比,CFG 桩材料较轻,置换作用特别明显。就基础形式而言,CFG 桩复合地基既适用于条形基础、独立基础，又适用于筏板基础、箱形基础。

三、工程应用现状

CFG 桩复合地基是我国建设部"七五"科研计划，于 1988 年立项进行试验研究，并应用于工程实践，1992 年通过建设部组织的专家鉴定，一致认为该成果具有国际领先水平。同时，为了进一步推广这项新技术，国家投资对施工设备和施工工艺进行了专门研究，并列入"九五"国家重点攻关项目，于 1999 年通过了国家验收。1997 年被列为国家级工法，并制定了中国建筑科学研究院企业标准，现已列入国家行业标准《建筑地基处理技术规范》（JGJ 79—2002），CFG 桩复合地基处理技术在国际上具有领先水平，推广意义重大。

目前，该技术已在全国 23 个省（市）广泛推广，据不完全统计，已在 2 000 多项工程中应用。与桩基相比，由于 CFG 桩体材料可以充分利用工业废料粉煤灰、不配筋及充分发挥桩间土的承载能力，工程造价一般为桩基的 1/3 ~ 1/2，效益非常显著。

2005 年 6 月，石立辉将 CFG 桩复合地基应用于西南水闸重建工程。通过现场原位试验，证明 CFG 桩复合地基使地基的承载力得到了大幅度的提高，地基变形得以有效降低和控制，而且稳定快、施工简单易行、工程质量易保证，工程造价约为一般桩基的 1/2，经济效益和社会效益非常显著。

2005 年，廖文彬探讨了 CFG 桩复合地基在严重液化地基处理中的应用，认为在液化土层下存在良好持力层的地基，对液化层采用 CFG 桩复合地基处理，既可以达到消除液化，又能有效提高地基承载力，满足高层建筑地基承载力的设计要求，与传统的桩基相比，施工速度快，经济性好，可以节省工程投资至少一半以上。

2006 年 5 月，王大明等将 CFG 桩复合地基应用于高速公路桥头深厚软基的处理，介绍了 CFG 桩的施工方法，分析了 CFG 桩的成桩质量,同时进行了 CFG 桩复合地基承载力试验。结果表明,CFG 桩桩身连续,强度高,复合地基承载力满足设计要求,施工质量良好,保证了 CFG 桩复合地基的加固效果。

2006 年 6 月,刘鹏通过 CFG 长桩加夯实水泥土短桩的多桩型复合地基在湿陷性黄土地区的应用实例,介绍了 CFG 桩复合地基应用于湿陷性黄土地基时的设计方法和施工工艺等。工程采用 CFG 桩加夯实水泥土桩的多桩复合地基处理方案,夯实水泥土短桩与 CFG 长桩间隔布置,达到既消除上部土层湿陷性,又提高地基承载力的目的。

2006 年 8 月,徐毅等结合 CFG 桩复合地基加固高速公路软基工程,进行了现场应用的试验研究,结果表明,CFG 桩复合地基处理高速公路软基的设计参数是否合理,应视其实际发挥的承载能力及承载时变形的性状而定。通过对 CFG 桩复合地基、土应力和表面沉降的现场观测,研究了路堤荷载下 CFG 桩复合地基桩顶、桩间土的应力和沉降变化规律,根据实测数据分析了褥垫层厚度、桩间距及桩体强度等设计参数的合理性。结果表明,路堤荷载下,CFG 桩、土最终可达到变形协调,桩、土应力比与桩、土沉降差有着密切的关系,疏桩形式时桩间土承担着大部分荷载。

CFG 桩复合地基在多层、高层建筑,高速公路高填方地基处理工程中均得到了成功的应用(见图 3-6)。经过 CFG 桩的竖向加固,不仅提高了地基承载力,而且有效提高了地基压缩模量。在复杂工程地质条件下,CFG 桩不仅可处理黄土的湿陷性,而且解决了饱和砂性土的液化问题,但其在水利工程中的应用实例相对较少。

由于 CFG 桩复合地基处理技术具有施工速度快、工期短、质量容易控制、工程造价经济的特点,目前已经成为华北地区建筑、公路等行业普遍应用的地基处理技术之一,但在水利工程中应用尚属少见。

(a)　　　　(b)

(c)

图 3-6　CFG 桩复合地基在多层、高层建筑中的应用

四、设计

　　进行 CFG 桩复合地基设计前,首先要取得施工场区岩土工程勘察报告和建筑结构设计资料,明确建(构)筑物对地基的要求以及场地的工程地质条件、水文地质条件、环境条件等,在此基础上,可按图 3-7 所示流程进行设计。

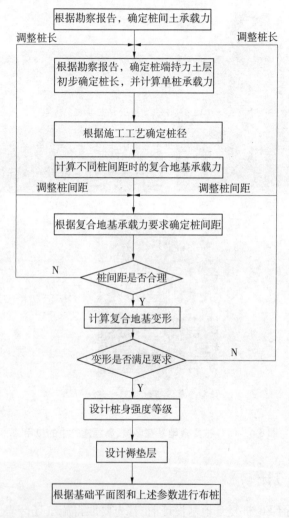

图 3-7　CFG 桩复合地基设计流程

(一)布置形式

CFG 桩可只在基础范围内布置,桩径宜取 350 ~ 600 mm。桩距应根据设计要求的复合地基承载力、土性、施工工艺等确定,宜取 3~5 倍桩径。CFG 桩应选择承载力相对较高的土层作为桩端持力层,具有较强的置换作用,其他条件相同,桩越长,桩的荷载分担比(桩承担的荷载占总荷载的百分比)越高。设计时须将桩端落在相对好的土层上,这样可以很好地发挥桩的端阻力,也可避免场地岩性变化大可能造成建筑物沉降的不均匀。

　　布桩需要考虑的因素较多,一般可按等间距布桩(见图 3-8)。对墙下条形基础,在轴心荷载作用下,可采用单排、双排或多排布桩,且桩位宜沿轴线对称。在偏心荷载作用下,可采用沿轴线非对称布桩。对于独立基础、箱形基础、筏板基础,基础边缘到桩的中心距一般为一个桩径或基础边缘到桩边缘的最小距离不宜小于150 mm;对于条形基础,基础边缘到桩边缘的最小距离不宜小于

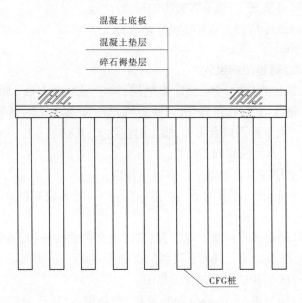

图 3-8　CFG 桩布置示意图

75 mm。对于柱(墙)下筏板基础,布桩时除考虑整体荷载传到基底的压应力不大于复合地基的承载力外,还必须考虑每根柱(每道墙)传到基础的荷载扩散到基底的范围,在扩散范围内的压应力也必须等于或小于复合地基的承载力。扩散范围取决于底板厚度,在扩散范围内底板必须满足抗冲切要求。对于可液化地基或有必要时,可在基础外某一范围内设置护桩。布桩时要考虑桩受力的合理性,尽量利用桩间土应力产生的附加应力对桩侧阻力的增大作用。

设计的桩距首先要满足承载力和变形量的要求。从施工角度考虑,尽量选用较大的桩距,以防止新打桩对已打桩的不良影响。就土的挤密性而言,可将土划分为以下几种类型:

(1)挤密效果好的土,如松散粉细砂、粉土、人工填土等。

(2)可挤密土,如不太密实的粉质黏土。

(3)不可挤密土,如饱和软黏土或密实度很高的黏性土、砂土等。

(二)褥垫层的设置

桩顶和基础之间应设置褥垫层,褥垫层厚度宜取 150 ~ 300 mm,材料宜用中砂、粗砂、级配砂石或碎石等,最大粒径不宜大于30 mm。由于卵石咬合力差,施工时扰动大,褥垫层厚度不容易保证均匀,故不宜采用卵石。

褥垫层在复合地基中具有以下作用:

(1)保证桩、土共同承担荷载,它是 CFG 桩形成复合地基的重要条件。

(2)通过改变褥垫层厚度,调整桩垂直荷载的分担,通常褥垫层越薄,桩承担的荷载占总荷载的百分比越高,反之亦然。

(3)减少基础底面的应力集中。

(4)调整桩、土水平荷载的分担,褥垫层越厚,土分担的水平荷载占总荷载的百分比越大,桩分担的水平荷载占总荷载的百分比越小。

(三)基本设计参数的确定

1. 桩长

CFG 桩复合地基要求桩端持力层应选择工程性质较好的土层,桩长 L 取决于建筑物对地基承载力和变形的要求、土质条件和设备能力等因素,确定桩长后按下式计算单桩竖向承载力特征值:

$$R_a = u_p \sum_{i=1}^{n} q_{si} l_i + q_p A_p$$

式中　　q_{si}、q_p——桩周第 i 层土的侧阻力、桩端端阻力特征值,
　　　　　　kPa;

其他符号意义同前。

2. 桩径

CFG 桩桩径的确定一般根据当地常用的施工设备来选取,一般设计桩径为 $350 \sim 600$ mm。

3. 桩间距

桩间距的大小取决于设计要求的地基承载力和变形、土质条件和施工设备等因素,一般设计要求的地基承载力较大时桩间距取小值,但必须考虑施工时相邻桩之间的影响,CFG 桩原则上只布置在基础范围以内。在已知天然地基承载力特征值、单桩竖向承载力特征值和复合地基承载力特征值的条件下,可按下式求得置换率 m:

$$m = \frac{f_{spk} - \beta f_k}{\dfrac{R_a}{A_p} - \beta f_k} \tag{3-23}$$

当采用正方形布桩时,桩间距 s 为:

$$s = \sqrt{\frac{A_p}{m}} \tag{3-24}$$

在桩长、桩径和桩间距初步确定后,也就是在满足了复合地基

承载力要求后,需验算这三个参数是否能满足复合地基变形的要求。如果估算的沉降值不能满足变形要求,则需调整桩长或桩间距,直至满足变形要求。

4. 桩体强度

桩体试块抗压强度应满足下式要求:

$$f_{cu} \geqslant 3R_a/A_p \tag{3-25}$$

式中 f_{cu}——桩体混合料试块(边长为 150 mm 立方体)标准养护 28 d 立方体抗压强度平均值;

其他符号意义同前。

(四)复合地基承载力

复合地基承载力不是天然地基承载力和单桩竖向承载力的简单叠加,需要对以下一些因素给予考虑:

(1)施工时对桩间土是否产生扰动和挤密,桩间土承载力有无降低或提高。

(2)桩对桩间土有约束作用,使土的变形减少。

(3)复合地基中桩的 $Q \sim S$ 曲线呈加工硬化型,比自由单桩的承载力要高。

(4)桩和桩间土承载力的发挥都与变形有关,变形小时桩和桩间土承载力的发挥都不充分。

(5)复合地基桩间土的发挥与褥垫层的厚度有关。

CFG 桩复合地基承载力特征值应通过现场复合地基载荷试验确定,初步设计时也可按下式估算。

①复合地基承载力特征值:

$$f_{spk} = mR_a / A_p + \beta(1 - m) f_{sk}$$
$$m = d^2/d_e^2$$

式中 β——桩间土承载力折减系数,宜按地区经验取值,当无经验时可取 0.75 ~ 0.95,天然地基承载力较高时取大值;

其他符号意义同前。

②单桩竖向承载力特征值。

当采用单桩载荷试验时,应将单桩竖向极限承载力除以系数2。当无单桩载荷试验资料时,可按式(3-18)估算。

对 CFG 桩处理后的地基承载力特征值常需进行修正,即考虑基础埋深修正系数后,CFG 桩复合地基承载力特征值为:

$$f_a = f_{spk} + \gamma_0(d - 1.5) \qquad (3\text{-}26)$$

式中　γ_0——基础底面以上土的加权平均重度,地下水位以下取有效重度;

d ——基础埋置深度,m,一般自室外地面标高算起。

(五)地基变形验算

1.计算方法

在《水闸设计规范》(SL 265—2001)中关于土质地基沉降变形计算,给出的是采用土的 $e \sim p$ 压缩曲线的计算方法。

$$S_\infty = m \sum_{i=1}^{n} \frac{e_{1i} - e_{2i}}{1 + e_{1i}} h_i \qquad (3\text{-}27)$$

式中　S_∞——土质地基最终沉降量,m;

n——土质地基压缩层计算深度范围内的土层数;

e_{1i}——基础底面以下第 i 层土在平均自重应力作用下,由压缩曲线查得的相应孔隙比;

e_{2i}——基础底面以下第 i 层土在平均自重应力作用下和平均附加应力作用下,由压缩曲线查得的相应孔隙比;

h_i——基础底面以下第 i 层土的厚度,m;

m——地基沉降量修正系数。

具体计算时,须查由土工试验提供的压缩曲线。严格来说,上述计算方法只有在地基土层无侧向膨胀的条件下才是合理的,而这只有在承受无限连续均布荷载作用下才有可能。实际上,地基土层受到某种分布形式的荷载作用后,总是要产生或多或少的侧向变形,因此采用这种方法计算地基土层的最终沉降量一般小于实际沉降量,需考虑修正系数。对于复合地基的变形计算,《水闸设计规范》(SL 265—2001)中也没有作明确规定。

分析复合地基的变形,可分为三个部分:加固区的变形量 S_1、下卧层的变形量 S_2 和褥垫层的压缩变形。

在工程中,应用较多且计算结果与实际符合较好的变形计算方法是复合模量法。计算时复合土层分层与天然地基相同,复合土层模量等于该天然地基模量的 ζ 倍(见图 3-9),加固区下卧层土体内的应力分布采用各向同性均质的直线变形体理论。

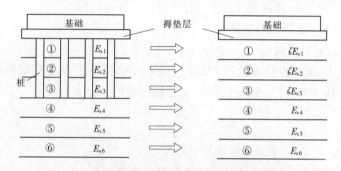

图 3-9   各土层复合模量示意图

复合地基最终变形量可按下式计算:

$$S_c = \psi \left[\sum_{i=1}^{n_1} \frac{P_0}{\zeta E_{si}} (z_i \bar{a}_i - z_{i-1} \bar{a}_{i-1}) + \sum_{i=n_1+1}^{n_2} \frac{P_0}{E_{si}} (z_i \bar{a}_i - z_{i-1} \bar{a}_{i-1}) \right]$$

$$(3-28)$$

式中　n_1——加固区范围内土层分层数;

　　　n_2——沉降计算深度范围内土层总的分层数;

　　　P_0——对应于荷载效应准永久组合时,基础底面处的附加应力,kPa;

　　　E_{si}——基础底面下第 i 层土的压缩模量,MPa;

z_i、z_{i-1}——基础底面至第 i 层、第 $i-1$ 层土底面的距离, m;

$\overline{a}_i$、$\overline{a}_{i-1}$——基础底面计算点至第 i 层、第 $i-1$ 层土底面范
围内平均附加应力系数;

ζ——加固区土的模量提高系数 , $\zeta = \dfrac{f_{sp}}{f_k}$;

ψ——沉降计算修正系数,根据地区沉降观测资料及经验
确定,也可采用表 3-8 的数值。

表3-8　沉降计算修正系数 ψ

$\overline{E}_s$ (MPa)	2.5	4.0	7.0	15.0	20.0
ψ	1.1	1.0	0.7	0.4	0.2

表 3-8 中 $\overline{E}_s$ 为变形计算深度范围内压缩模量的当量值,应按
下式计算:

$$\overline{E}_s = \frac{\sum A_i}{\sum \dfrac{A_i}{E_{si}}} \qquad (3\text{-}29)$$

式中　A_i——第 i 层土附加应力沿土层厚度积分值;

E_{si}——基础底面下第 i 层土的压缩模量值,MPa,桩长范围
内的复合土层按复合土层的压缩模量取值。

复合地基变形计算深度必须大于复合土层的厚度,并应符合
下式的要求:

$$\Delta S_i \leqslant 0.025 \sum_{i=1}^{n_2} \Delta S_i' \qquad (3\text{-}30)$$

式中　S_i——计算深度范围内,第 i 层土的计算变形值;

S_i'——在计算深度向上取厚度为 Δz(见图 3-10)的土层计
算变形值,Δz 按表 3-9 确定,当确定的计算深度下部
仍有较软弱土层时,应继续计算。

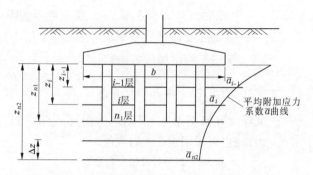

图 3-10　复合地基沉降计算分层示意图

表 3-9　Δz 值

b(m)	≤2	2 < b < 4	4 < b ≤ 8	8 < b
z(m)	0.3	0.6	0.8	1.0

虽然在复合地基最终变形量公式中,复合土层模量等于该天然地基模量的 ζ 倍,许多土的压缩模量之比并不与承载力特征值之比相对应,尽管公式中采用了沉降计算的经验系数 ψ,但并不能完全反映以上因素。再者,采用复合地基最终变形量公式并未考虑桩端土的强度,也未考虑软土在加固区的上部或下部所导致的不同结果。考虑到土性的差别以及软土在加固区的位置不同,对上述公式作如下修正:

$$S_c = \psi \left[\sum_{i=1}^{n_1} \frac{P_0}{K_i \zeta_i E_{si}} (z_i \bar{a}_i - z_{i-1} \bar{a}_{i-1}) + \sum_{i=n_1+1}^{n_2} \frac{P_0}{E_{si}} (z_i \bar{a}_i - z_{i-1} \bar{a}_{i-1}) \right]$$

(3-31)

式中　K_i——第 i 层土复合模量修正系数,$K_i = 0.8 \sim 1.2$,与第 i 层土土性及第 i 层软土在加固区沿深度方向所处的位置有关,当第 i 层土为软土、桩端土,强度不太高,且第 i 层软土处于加固区上部时,取低值,反之取高值。

2. 计算深度

土质地基压缩层计算深度可按计算层面处土的附加应力与自重应力的比值为 0.10～0.20（软土地基取小值,坚实地基取大值）的条件确定,这是经过多年来水闸工程的实践提出来的。对于软土地基,考虑到地基土的压缩沉降量大,地基压缩层计算深度若按计算层面处土的附加应力与自重应力的比值为 0.20 的条件确定是不够的,因为其下土层仍然可能有较大的压缩沉降量,往往是不可忽略的。

按照现行国家标准《建筑地基基础设计规范》(GB 50007—2002)的规定,地基压缩层计算深度是以计算深度范围内各土层计算沉降值的大小为控制标准的,即规定地基压缩层计算深度应符合在计算深度范围内第 i 层的计算沉降值不大于该计算深度范围内的各土层累计计算沉降值的 2.5% 的要求。考虑到水闸与建筑工程有所不同,其基础(底板)多为筏板式,面积较大,附加应力传递较深广,对于地基压缩层计算深度的确定,应以控制地基应力分布比例较为适宜。因为水闸地基多数为多层和非均质的土质地基,特别是对于软土层与相对硬土层相间分布的地基,按计算沉降值的大小控制是不易掌握的,同时在计算中也不如按地基应力的分布比例控制简便,而且后者已经过多年来的实际应用认为是能够满足工程要求的。因此,对于地基压缩层计算深度的确定,可按照《水闸设计规范》(SL 265—2001)中采用以地基应力的分布比例作为控制标准。

3. 最大沉降量与沉降差

大量实测资料说明,在不危及水闸结构安全和影响正常使用的条件下,一般认为最大沉降量达 10～15 cm 是允许的。但沉降量过大,往往会引起较大的沉降差,对水闸结构安全和正常使用总是不利的。因此,必须做好变形缝(包括沉降缝和伸缩缝)的止水措施。至于允许最大沉降差的数值,与水闸结构形式、施工条件等有很大的关系,一般认为最大沉降差达 3～5 cm 是允许的。按照《水闸设计规范》(SL 265—2001)中规定,天然土质地基上的水闸地基最大沉降量不宜超过 15 cm,最大沉降差不宜超过 5 cm。

对于软土地基上的水闸,当计算地基最大沉降量或相邻部位的最大沉降差超过《水闸设计规范》(SL 265—2001)规定的允许值,不能满足设计要求时,可采取在减小地基最大沉降量或相邻部位最大沉降差的工程措施,包括对上部结构、基础、地基及工程施工方面所采取的措施。

由于上部结构、基础与地基三者是相互联系、共同作用的,为了更有效地减少水闸的最大沉降量和沉降差,设计时应将上部结构、基础与地基三者作为整体考虑,采取综合性措施,同时对工程施工也应提出要求。

4. 地基土的回弹变形

由于引黄涵闸工程建设一般要进行深基坑开挖和降水,所以在地基变形计算时还需要考虑地基土的回弹变形量和水位变化因素。地基土的回弹变形量可参照国家标准《建筑地基基础设计规范》(GB 50007—2002)中的公式计算:

$$S_c = \psi_c \left[\sum_{i=1}^{n_1} \frac{P_c}{E_{ci}} (z_i \bar{a}_i - z_{i-1} \bar{a}_{i-1}) \right] \tag{3-32}$$

式中　S_c——地基的回弹变形量;

　　　P_c——基础底面以上土的自重压力,kPa,地下水位以下应扣除浮力;

　　　E_{ci}——土的回弹模量,MPa;

　　　ψ_c——沉降计算经验系数,取 1.0;

　　　其他符号意义同前。

五、施工

CFG 桩的施工应根据设计要求和现场地基土的性质、地下水埋深、场地周边环境等多种因素选择施工工艺。

目前,三种常用的施工工艺为长螺旋钻孔灌注成桩,长螺旋钻孔、管内泵压混合料成桩,振动沉管灌注成桩。

长螺旋钻孔灌注成桩适用于地下水位以上的黏性土、粉土、素填土、中等密实以上的砂土,属于非挤土成桩工艺,该工艺具有穿透能力强、无振动、低噪声、无泥浆污染等特点,但要求桩长范围内无地下水,以保证成孔时不塌孔。

长螺旋钻孔、管内泵压混合料成桩工艺,是国内近几年来使用比较广泛的一种新工艺,属于非挤土成桩工艺,具有穿透能力强、低噪声、无振动、无泥浆污染、施工效率高及质量容易控制等特点。

若地基土是松散的饱和粉细砂、粉土,以消除液化和提高地基承载力为目的,此时应选择振动沉管打桩机施工。振动沉管灌注成桩属挤土成桩工艺,对桩间土具有挤密效应。但振动沉管灌注成桩工艺难以穿透厚的硬土层、砂层和卵石层等。在饱和黏性土中成桩,会造成地表隆起,挤断已打桩,且振动和噪声污染严重。

这里主要说明长螺旋钻孔、管内泵压混合料成桩工艺。

(一)施工准备

1. 主要设备机具

长螺旋钻孔、管内泵压混合料成桩工艺主要设备工具有长螺旋钻机(见图3-11)、混凝土输送泵、搅拌机、坍落度测筒、试块模具等。

2. 原材料

(1)水泥:采用32.5级普通硅酸盐水泥,并有出厂合格证及试验报告。

(2)砂:采用中砂,含泥量不大于3%。

(3)碎石:粒径5~20 mm,含泥量不大于2%。

(4)粉煤灰。

进场材料应按照规定位置堆放并做好防护措施,防止受冻、

(a)

(b)

(c)

图 3-11　长螺旋钻机

受潮。

3. 试验配合比

CFG 桩施工前应按设计要求,先由实验室出具混合料配合比,施工时严格按照配合比进行。

4. 试验桩

为确定 CFG 桩施工工艺、检验机械性能及质量,在施工前应先做不少于 2 根试验桩,并沿竖向钻取芯样,检查桩身混凝土密实度、强度和桩身垂直度。

(二)工艺流程

CFG 桩施工可按照以下流程操作:钻机就位→成孔→钻杆内灌注混合料→提升钻杆→灌注孔底混合料→边泵送混合料边提升钻杆→成桩→钻机移位。

1. 钻机就位

钻机就位后,应使钻杆垂直对准桩位中心,确保 CFG 桩垂直度容许偏差不大于1%。现场控制采用在钻架上挂垂球的方法测量该孔的垂直度,也可采用钻机自带垂直度调整器控制钻杆垂直度。每根桩施工前现场工程技术人员应进行桩位对中及垂直度检查,满足要求后,方可开钻。

2. 成孔

钻孔开始时,关闭钻头阀门,向下移动钻杆至钻头触地时,启动马达钻进,先慢后快,同时检查钻孔的偏差并及时纠正。在成孔过程中发现钻杆摇晃或难钻时,应放慢进尺,防止桩孔偏斜、位移和钻具损坏。根据钻机塔身上的进尺标记,成孔到达设计标高时,停止钻进。

3. 混合料搅拌

混合料搅拌必须进行集中拌和,按照配合比进行配料,每盘料搅拌时间按照普通混凝土的搅拌时间进行控制。一般控制在90~120 s,具体搅拌时间根据试验确定,由电脑控制和记录。混合料出厂时坍落度可控制在180~200 mm。

4. 灌注及拔管

钻孔至设计标高后,停止钻进,提拔钻杆20~30 cm后开始泵送混合料灌注,每根桩的投料量应不小于设计灌注量。钻杆芯管充满混合料后开始拔管,并保证连续拔管。施工桩顶高程宜高出设计高程30~50 cm,灌注成桩完成后,桩顶盖土封顶进行养护。

成桩施工,应准确掌握提拔钻杆时间,钻孔进入土层预定标高后,开始泵送混合料,管内空气从排气阀排出,待钻杆内管及输送软、硬管内混合料连续时提钻。若提钻时间较晚,在泵送压力下钻头处的水泥浆液被挤出,容易造成管路堵塞。应杜绝在泵送混合料前提拔钻杆,以免造成桩端处存在虚土或桩端混合料离析、端阻力减小。提拔钻杆中应连续泵料,特别是在饱和砂土、饱和粉土层中不得停泵待料,避免造成混合料离析、桩身缩径和断桩。目前施工多采用 2 台 0.5 m³ 的强制式搅拌机,可满足施工要求。

在灌注混合料时,对于混合料的灌入量控制采用记录泵压次数的办法,对于同一种型号的输送泵每次输送量基本上是一个固定值,根据泵压次数来计量混合料的投料量。

5. 移机

灌注时采用静止提拔钻杆(不能边行走边提拔钻杆),提管速度控制在 2 ~ 3 m/min,灌注达到控制标高后进行下一根桩的施工。

满堂布桩时,不宜从四周转向内推进施工,宜从中心向外推进施工,或从一边向另一边推进施工。注意打桩顺序,尽量避免新打桩的振动对已结硬的桩体产生影响。

施工中,成孔、搅拌、压灌、提钻各道工序应密切配合,提钻速度应与混合料泵送量相匹配,严格掌握混合料的输入量,应大于提钻产生的空孔体积,使混合料面经常保持在钻头以上,以免在桩体中形成孔洞。

为做到水下成桩,要求钻杆钻至设计标高后不提钻,先向空心钻杆内灌注混合料,再提钻进行桩底混合料灌注。然后,边灌注边提钻,保持连续灌注,均匀提升。严禁先提钻后灌注混凝土,产生往水中灌注混凝土的现象。

(三)施工质量要求

(1)根据桩位平面布置图及控制点和轴线施放桩位,实施放线的桩位经监理验收确认后方可施工。

(2)钻机就位应准确,钻机机架及钻杆应与地面保持垂直,垂直度误差≤1%。

(3)混合料灌注过程中应保持混合料面始终高于钻头面,钻头低于混合料面 15 ~ 25 cm。

(4)误差控制。

桩位偏差不应大于 0.4 倍桩径,桩径偏差 ±20 mm,桩长偏差 ±0.1 m。

(5)长螺旋钻孔、管内泵压混合料成桩施工时,每立方米混合料粉煤灰掺量宜为 70~90 kg,坍落度应控制在 160~200 mm,混合料搅拌要均匀,搅拌时间不得低于 2 min。

桩体配比中采用的粉煤灰可选用电厂收集的粗灰;当采用长螺旋钻孔、管内泵压混合料灌注成桩时,为增加混合料和易性和可泵性,宜选用细度(0.045 mm 方孔筛筛余百分比)不大于 45% 的 Ⅲ 级及以上等级的粉煤灰。

长螺旋钻孔、管内泵压混合料成桩施工时,每立方米混合料粉煤灰掺量宜为 70~90 kg,坍落度应控制在 160~200 mm,这主要是考虑保证施工中混合料的顺利输送。坍落度太大,易产生泌水、离析,泵压作用下,骨料与砂浆分离,导致堵管;坍落度太小,混合料流动性差,也容易造成堵管。振动沉管灌注成桩若混合料坍落度过大,桩顶浮浆过多,桩体强度会降低。

(6)成桩过程中,每台机械一天应做一组(3 块)混凝土试块,标准养护,测定其立方体抗压强度。

(7)桩头处理。CFG 桩施工桩顶标高宜高出设计桩顶标高不少于 0.5 m,留有保护桩长。保护桩长的设置是基于以下几个因素:

①成桩时桩顶不可能正好与设计标高完全一致,一般要高出桩顶设计标高一段长度。

②桩顶一般由于混合料自重压力较小或由于浮浆的影响,靠近桩顶一段桩体强度较差。

③已打桩尚未结硬时,施打新桩可能导致已打桩受振动挤压,混合料上涌使桩径缩小。增大混合料表面的高度即增加了自重压力,可提高抵抗周围土积压的能力。

施工完毕后 3 d 可清除余土,运到现场指定堆放区,并凿除桩头。首先用水准仪将设计桩头标高定位在桩身上，然后由工人用两根钢钎在截断位置从相对方向同时剔凿，将多余的桩截掉。

清土和截桩时，不得造成桩顶标高以下桩身断裂和扰动桩间土。

(8)冬季施工时，混合料入孔温度不得低于5℃，对桩头和桩间土应采取保温措施。

根据材料加热难易程度，一般优先加热拌和水，其次是砂和石。混合料温度不宜过高，以免造成混合料假凝无法正常泵送施工。泵头管线也应采取保温措施。施工完清除保护土层和桩头后，应立即对桩间土和桩头采用草帘等保温材料进行覆盖，防止桩间土冻胀而造成桩体拉断。

(四)施工质量保证措施

建立由项目经理负责控制、技术质量组全体人员检查的管理系统，以确保各项质量保证措施落实到各工序中。在施工过程中设质检员进行自检互检，发现不符合质量标准的问题及时纠正。

施工质量保证措施主要包括以下几个方面：

(1)严把材料进场关，保证使用符合规范要求的水泥、砂、石、外加剂等材料，并做好材料试验，并认真填写有关记录。

(2)桩体强度必须符合设计要求，现场施工时每工作日制作一组试块，并做好试块制作记录和现场养护。

(3)现场堆放的材料必须有专人保管，并有一定的保护措施，防止受冻、受潮，影响桩体质量。

(4)成桩浇筑过程中要确保桩体混凝土的密实性和桩截面尺寸，钻头提升应保持匀速，提升速度不得大于浇筑速度，防止发生缩径、断桩。

(5)浇筑过程中随时监控混合料质量，保证其和易性及坍落度。

(6)收集、整理各种施工原始记录，质量检查记录，现场签证记录等资料,并做好施工日志。

(7)预防断桩:①混合料坍落度应严格按规范要求控制。②灌注混合料前应检查搅拌机,保证搅拌时能正常运转。

六、质量检验

(1)施工质量检验主要应检查施工记录、混合料坍落度、桩数、桩位偏差、褥垫层厚度、夯填度和桩体试块抗压强度等。

(2)水泥粉煤灰碎石桩地基竣工验收时,承载力检验应采用复合地基载荷试验。

复合地基载荷试验是确定复合地基承载力、评定加固效果的重要依据。进行复合地基载荷试验时,必须保证桩体强度满足试验要求。进行单桩载荷试验时为防止试验中桩头被压碎,宜对桩头进行加固。在确定试验日期时,还应考虑施工过程中对桩间土的扰动,桩间土承载力和桩的侧阻端阻的恢复都需要一定时间,一般在冬季检测时桩和桩间土强度增长较慢。

CFG 桩强度满足试验荷载条件时,可由专业检测单位进行复合地基载荷试验,试验合格后可进行褥垫层敷设。

(3)水泥粉煤灰碎石桩地基检验应在桩身强度满足试验荷载条件时,并宜在施工结束 28 d 后进行。试验数量宜为总桩数的 0.5% ~1%,且每个单体工程的试验数量不应少于 3 个检验点。

(4)应抽取不少于总桩数 10% 的桩进行低应变动力试验,检测桩身完整性。

第八节　灌注桩

灌注桩起源于 100 多年前,因为工业的发展以及人口的增长,高层建筑不断增加,但是因为许多城市的地基条件比较差,不能直接承受由高层建筑传来的压力,地表以下存在着厚度很大的软土或中等强度的黏土层,建造高层建筑如仍沿用当时通用的摩擦桩,必然产生很大的沉降。于是工程师们借鉴掘井技术发明了在人工挖孔中浇筑钢筋混凝土而成桩。在随后的 50 年,于 20 世纪 40 年代初,随着大功率钻孔机具的研制成功首先在美国问世,时至今日,随着科学技术的日新月异,钻孔灌注桩在高层、超高层的建筑物和重型构筑物中被广泛应用。当然,在我国钻孔灌注桩设计及施工水平也得到了长足的发展。

一、灌注桩的分类

灌注桩是指在工程现场通过机械钻孔、钢管挤土或人力挖掘等手段在地基土中形成桩孔,并在其内放置钢筋笼,灌注混凝土而成的桩。依照成孔方法不同,灌注桩又可分为沉管灌注桩、钻孔灌注桩和挖孔灌注桩等几类。

钻孔灌注桩通常为一种非挤土桩,也有部分挤土桩。

(一)按桩径划分

1. 小桩

由于桩径小,施工机械、施工场地、施工方法较为简单,多用于基础加固和复合桩基础中。

2. 中桩

成桩方法和施工工艺繁多,工业与民用建筑物中大量使用,是目前使用最多的一类桩。

3. 大桩

桩径大,单桩承载力高。近 20 年发展较快,多用于重型建筑物、构筑物、港口码头、公路铁路桥涵等工程。

(二)按成桩工艺划分

按成桩工艺划分,灌注桩分为干作业法钻孔灌注桩、泥浆护壁法钻孔灌注桩、套管护壁法钻孔灌注桩。

二、钻孔灌注桩的特点

（1）施工时基本无噪声、无振动、无地面隆起或无侧移,因此对环境和周边建筑物危害小。

（2）扩底钻孔灌注桩能更好地发挥桩端承载力。

（3）可设计成一柱一桩,无须桩顶承台,简化了基础结构形式。

（4）钻孔灌注桩通常布桩间距大,群桩效应小。

（5）可以穿越各种土层,更可以嵌入基岩,这是其他桩型很难做到的。

（6）施工设备简单轻便,能在较低的净空条件下设桩。

（7）钻孔灌注桩在施工中,影响成桩质量的因素较多,桩侧阻力和桩端阻力的发挥会随着工艺而变化,且又在较大程度上受施工操作影响。

三、设计

（一）一般规定

（1）桩基础应按下列两类极限状态设计。

承载能力极限状态:桩基达到最大承载能力、整体失稳或发生不宜于继续承载的变形。

正常使用极限状态:桩基达到建筑物正常使用所规定的变形限值或达到耐久性要求的某项限值。

（2）根据建筑规模、功能特征、对差异变形的适应性、场地地基和建筑物体型的复杂性以及由于桩基问题可能造成建筑破坏或影响正常使用的程度,应将桩基设计分为甲级、乙级、丙级三个设计等级。

（3）桩基设计时,所采用的作用效应组合与相应的抗力应符合下列规定:

①确定桩数和布桩时,应采用传至承台底面的荷载效应标准组合;相应的抗力应采用基桩或复合基桩承载力特征值。

②计算荷载作用下的桩基沉降和水平位移时,应采用荷载效应准永久组合;计算水平地震作用、风载作用下的桩基水平位移时,应采用水平地震作用、风载效应标准组合。

③验算坡地、岸边建筑桩基的整体稳定性时,应采用荷载效应标准组合;抗震设防区,应采用地震作用效应和荷载效应的标准组合。

④在计算桩基结构承载力、确定尺寸和配筋时,应采用传至承台顶面的荷载效应基本组合。当进行承台和桩身裂缝控制验算时,应分别采用荷载效应标准组合和荷载效应准永久组合。

⑤桩基结构设计安全等级、结构设计使用年限和结构重要性系数 γ_0 应按现行有关建筑结构规范的规定采用,除临时性建筑外,重要性系数 γ_0 不应小于 1.0。

(二)桩的布置

桩的布置一般对称于桩基中心线,呈行列式或梅花式。排列基桩时,宜使桩群承载力合力点与长期荷载重心重合,并使各桩受力均匀,且考虑打桩顺序。

桩的最小中心距按照《建筑桩基技术规范》(JGJ 94—2008)中规定非挤土灌注桩不小于 $3.0d$(d 为桩的截面边长或直径)。桩端持力层一般应选择较硬土层,桩端全断面进入持力层的深度,对于黏性土、粉土不宜小于 $2d$,砂土不宜小于 $1.5d$,碎石类土不宜小于 $1d$。

(三)桩基计算

1. 桩顶作用效应计算

单向偏心竖向力作用下的计算公式:

$$N_{ik} = \frac{F_k + G_k}{n} \pm \frac{M_{xk}y_i}{\sum y_j^2} \tag{3-33}$$

式中 F_k——荷载效应标准组合下,作用于承台顶面的竖向力;

G_k——桩基承台和承台上土自重标准值;

N_{ik}——荷载效应标准组合偏心竖向力作用下,第 i 基桩的竖向力;

M_{xk}——荷载效应标准组合下,作用于承台底面,绕通过桩群形心的 x 主轴的力矩;

y_i、y_j——第 i,j 基桩至 x 轴的距离;

n——桩基中的桩数。

桩基作用效应示意图见图 3-12。

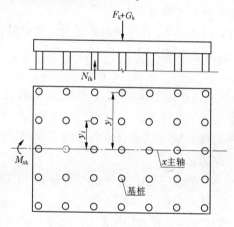

图3-12 桩基作用效应示意图

2. 单桩竖向承载力特征值计算

参照《建筑桩基技术规范》(JGJ 94—2008),根据土的物理指标与承载力参数之间的经验关系确定单桩竖向承载力标准值,见下式:

$$Q_{uk} = u \sum_{1}^{n} q_{sik}l_i + q_{pk}A_p \qquad (3-34)$$

式中 Q_{uk}——单桩竖向承载力标准值,kPa;

u ——桩身周长，m；

q_{sik} ——桩周第 i 层土桩的侧阻力标准值，kPa；

l_i ——桩穿越第 i 层土的厚度，m；

q_{pk} ——极限端阻力标准值，kPa；

A_p ——桩端面积，m^2。

$$R_a = \frac{1}{K} Q_{uk} \qquad (3-35)$$

式中　R_a ——单桩竖向承载力特征值；

　　　K ——安全系数，取 $K = 2$。

3. 桩基竖向承载力验算

荷载效应标准组合下，桩基竖向承载力计算应符合下列要求：

（1）轴心竖向力作用下的计算公式：

$$N_k \leqslant R \qquad (3-36)$$

（2）偏心竖向力作用下，除满足上式外，尚应满足下式要求：

$$N_{kmax} \leqslant 1.2R \qquad (3-37)$$

式中　N_k ——荷载效应标准组合轴心竖向力作用下，基桩平均竖向力；

　　　N_{kmax} ——荷载效应标准组合偏心竖向力作用下，桩顶最大竖向力；

　　　R ——基桩竖向承载力特征值。

（四）配筋计算

钢筋混凝土桩截面尺寸应根据受力要求按强度和抗裂计算结果确定，并满足打桩设备的能力。

混凝土强度等级不宜小于 C25，预应力桩不宜小于 C40。

目前，《混凝土结构设计规范》(GB 50010—2010)中是采用以概率论为基础的极限状态设计法，以可靠指标度量结构构件的可靠度，采用分项系数的设计表达式进行设计。

整个结构或结构的一部分超过某一特定状态就不能满足设计

规定的某一功能要求,此特定状态称为该功能的极限状态。极限状态分为以下两类。

1. 承载能力极限状态

结构或结构构件达到最大承载力、出现疲劳破坏或不宜于继续承载的变形。

根据建筑结构破坏后果的严重程度,划分为三个安全等级(见表3-10)。设计时应根据具体情况,选用相应的安全等级。

表3-10　建筑结构的安全等级

安全等级	破坏后果	建筑物类型
一级	很严重	重要的建筑物
二级	严重	一般的建筑物
三级	不严重	次要的建筑物

对于承载能力极限状态,结构构件应按荷载效应的基本组合或偶然组合,采用下列极限状态设计表达式:

$$\gamma_0 S \leqslant R \tag{3-38}$$

$$R = R(f_c, f_s, a_k \cdots) \tag{3-39}$$

式中　γ_0——重要性系数,对安全等级为一级的结构构件,不应小于1.1,对安全等级为二级的结构构件,不应小于1.0,对安全等级为三级的结构构件,不应小于0.9,对地震设计状况应取1.0;

S——承载能力极限状态的荷载效应组合的设计值;

R——结构构件的承载力设计值;

$R(*)$——结构构件的承载力函数;

f_c, f_s——混凝土、钢筋的强度设计值;

a_k——几何参数的标准值。

2. 正常使用极限状态

结构或结构构件达到正常使用或耐久性能的某项规定限值。

对于正常使用极限状态,结构构件应分别按荷载效应的标准组合、准永久组合或考虑长期作用影响,采用下列极限状态设计表达式:

$$S \leqslant C \tag{3-40}$$

式中　S——正常使用极限状态的荷载效应组合值;

　　　C——结构构件达到正常使用要求所规定的变形、裂缝宽度和应力等的限值。

结构构件正截面的裂缝控制等级分为三级。裂缝控制等级的划分应符合下列规定:

一级——严格要求不出现裂缝的构件,按荷载效应标准组合计算时,构件受拉边缘混凝土不应产生拉应力。

二级——一般要求不出现裂缝的构件,按荷载效应标准组合计算时,构件受拉边缘混凝土拉应力不应大于混凝土轴心抗拉强度标准值;按荷载效应准永久组合计算时,构件受拉边缘混凝土不宜产生拉应力。

三级——允许出现裂缝的构件,按荷载效应标准组合并考虑长期作用影响计算时,构件的最大裂缝宽度不应超过规定的限值。

圆形截面计算简图见图 3-13。

$$0 \leqslant \alpha \alpha_1 f_c A \left(1 - \frac{\sin 2\pi\alpha}{2\pi\alpha}\right) + (\alpha - \alpha_t) f_y A_s \tag{3-41}$$

$$M \leqslant \frac{2}{3} \alpha_1 f_c Ar \frac{\sin^3 \pi\alpha}{\pi} + f_y A_s r_s \frac{\sin\pi\alpha + \sin\pi\alpha_t}{\pi} \tag{3-42}$$

$$\alpha_t = 1.25 - 2\alpha \tag{3-43}$$

式中　M——弯矩设计值;

　　　α_1——系数,当混凝土强度等级不大于 C50 时,取 1.0;

　　　f_c——混凝土轴心抗压强度设计值;

f_y——普通钢筋的抗拉强度设计值；

A——圆形截面面积；

A_s——全部纵向钢筋的截面面积；

r——圆形截面的半径；

r_s——纵向钢筋重心所在圆周的半径；

α——对应于受压区混凝土截面面积的圆心角(rad)与2π的比值；

α_t——纵向受拉钢筋截面面积与全部纵向钢筋截面面积的比值，当 $\alpha > 0.625$ 时，取 $\alpha_t = 0$。

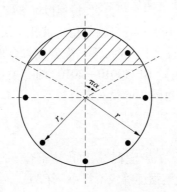

图 3-13　圆形截面计算简图

(五)灌注桩构造

1.配筋率

当桩身直径为 300 ~ 2 000 mm 时，正截面配筋率可取 0.65% ~ 0.2%(小直径桩取高值)；对于受荷载特别大的桩、抗拔桩和嵌岩端承桩，应根据计算确定配筋率，并不应小于上述规定值。

2.配筋长度

(1)端承型桩和位于坡地岸边的基桩应沿桩身等截面或变截

面通长配筋。

(2)桩径大于 600 mm 的摩擦型桩配筋长度不应小于 2/3 桩长;当受水平荷载时,配筋长度尚不宜小于 $4.0/\alpha$(α 为桩的水平变形系数)。

(3)对于受水平荷载的桩,主筋不应小于 8 Φ 12;对于抗压桩和抗拔桩,主筋不应少于 6 Φ 10;纵向主筋应沿桩身周边均匀布置,其净距不应小于 60 mm。

(4)箍筋应采用螺旋式,直径不应小于 6 mm,间距宜为 200 ~ 300 mm;受水平荷载较大桩基、承受水平地震作用的桩基及考虑主筋作用计算桩身受压承载力时,桩顶以下 $5d$ 范围内的箍筋应加密,间距不应大于 100 mm;当桩身位于液化土层范围内时箍筋应加密;当考虑箍筋受力作用时,箍筋配置应符合现行国家标准《混凝土结构设计规范》(GB 50010—2010)的有关规定;当钢筋笼长度超过 4 m 时,应每隔 2 m 设一道直径不小于 12 mm 的焊接加劲箍筋。

3. 保护层厚度

桩身混凝土及混凝土保护层厚度应符合下列要求:

(1)桩身混凝土强度等级不得小于 C25。

(2)灌注桩主筋的混凝土保护层厚度不应小于 35 mm,水下灌注桩的主筋混凝土保护层厚度不得小于 50 mm。

四、施工

(一)施工方法

钻孔灌注桩的施工,因其所选护壁形成的不同,通常有泥浆护壁施工法和全套管施工法。

1. 泥浆护壁施工法

冲击钻孔、冲抓钻孔和回转钻削成孔等均可采用泥浆护壁施工法。该施工法的程序为:

平整场地→泥浆制备→埋设护筒→敷设工作平台→安装钻机并定位→钻进成孔→清孔并检查成孔质量→下放钢筋笼→灌注水下混凝土→拔出护筒→检查质量。

1）施工准备

施工准备包括：选择钻机、钻具、场地布置等。

钻机是钻孔灌注桩施工的主要设备（见图3-14），可根据地质情况和各种钻孔机的应用条件来选择。

图3-14　钻机设备

2）钻孔机的安装与定位

安装钻孔机的基础如果不稳定，施工中易产生钻孔机倾斜、桩倾斜和桩偏心等不良影响，因此要求安装地基稳固。对地层较软和有坡度的地基，可用推土机推平，再垫上钢板或枕木加固。

为防止桩位不准，施工中最关键的是定好中心位置和正确地安装钻孔机。对有钻塔的钻孔机，先利用钻机的动力与附近的地笼配合，将钻杆移动大致定位，再用千斤顶将机架顶起，准确定位，使起重滑轮、钻头或固定钻杆的卡孔与护筒中心在一垂线上，以保证钻机的垂直度。钻机位置的偏差不大于2 cm。对准桩位后，用枕木垫平钻机横梁，并在塔顶对称于钻机轴线上拉上缆风绳。

3）埋设护筒

钻孔成败的关键是防止孔壁坍塌。当钻孔较深时,地下水位以下的孔壁土在静水压力下会向孔内坍塌,甚至发生流砂现象。护筒除起到防止坍孔作用外,同时有隔离地表水、保护孔口地面、固定桩孔位置和钻头导向的作用等。

制作护筒的材料有木、钢、钢筋混凝土三种。护筒要求坚固耐用,不漏水,其内径应比钻孔直径大(旋转钻约大 20 cm,潜水钻、冲击或冲抓锥约大 40 cm),每节长度为 2～3 m。一般用钢护筒。

4）泥浆制备

钻孔泥浆由水、黏土(膨润土)和添加剂组成,具有浮悬钻渣,冷却钻头,润滑钻具,增大静水压力,并在孔壁形成泥皮,隔断孔内外渗流,防止坍孔的作用。调制的钻孔泥浆及经过循环净化的泥浆,应根据钻孔方法和地层情况来确定泥浆稠度。泥浆稠度应视地层变化或操作要求机动掌握,泥浆太稀,排渣能力小、护壁效果差;泥浆太稠,会削弱钻头冲击功能,降低钻进速度。

5）钻孔

钻孔是一道关键工序,在施工中必须严格按照操作要求进行,才能保证成孔质量,首先要注意开孔质量,为此必须对好中线及垂直度,并压好护筒。在施工中要注意不断添加泥浆和抽渣(冲击式用),还要随时检查成孔是否有偏斜现象。采用冲击式或冲抓式钻机施工时,附近土层因受到震动而影响邻孔的稳固,所以钻好的孔应及时清孔,下放钢筋笼和灌注水下混凝土。钻孔的顺序也应事先规划好,既要保证下一个桩孔的施工不影响上一个桩孔,又要使钻机的移动距离不要过远和相互干扰。

6）清孔

钻孔的深度、直径、位置和孔形直接关系到成桩质量与桩身曲直。为此,除钻孔过程中密切观测监督外,在钻孔达到设计要求的深度后,应对孔深、孔位、孔形、孔径等进行检查。当终孔检查完全符合设计要求时,应立即进行孔底清理,避免隔时过长以致泥浆沉淀,引起钻孔坍塌。对于摩擦桩,当孔壁容易坍塌时,要求在灌注水下混凝土前沉渣厚度不大于30 cm;当孔壁不易坍塌时,不大于20 cm。对于柱桩,要求在射水或射风前,沉渣厚度不大于5 cm。清孔方法视使用的钻机不同而灵活应用。通常可采用正循环旋转钻机、反循环旋转钻机、真空吸泥机及抽渣筒等清孔。其中,用吸泥机清孔,所需设备不多,操作方便,清孔也较彻底,但在不稳定土层中应慎重使用。其原理就是用压缩机产生的高压空气吹入吸泥机管道内将泥渣吹出。

7)灌注水下混凝土

清完孔之后,就可将预制的钢筋笼垂直吊放到孔内,定位后加以固定,然后用导管灌注混凝土,灌注时混凝土不要中断,否则易出现断桩现象。

2.全套管施工法

全套管施工法的施工顺序一般为:

平整场地→敷设工作平台→安装钻机→压套管→钻进成孔→安放钢筋笼→放导管→浇筑混凝土→拉拔套管→检查成桩质量。

全套管施工法的主要施工步骤除不需泥浆及清孔外,其他的与泥浆护壁法都类同。压入套管的垂直度取决于挖掘开始阶段的5~6 m深时的垂直度。因此,应该使用水准仪及铅锤校核其垂直度。

(二)施工质量控制

1.成孔质量控制

成孔是混凝土灌注桩施工中的一个重要部分,其质量如控制得不好,则可能会塌孔、缩径、桩孔偏斜及桩端达不到设计持力层要求等,还将直接影响桩身质量和造成桩承载力下降。因此,在成孔的施工技术和施工质量控制方面应着重做好以下几项工作。

(1)采取隔孔施工程序。钻孔混凝土灌注桩和打入桩不同,打入桩是将周围土体挤开,桩身具有很高的强度,土体对桩产生被动土压力。钻孔混凝土灌注桩则是先成孔,然后在孔内成桩,周围土移向桩身,土体对桩产生动压力。尤其是在成桩初始,桩身混凝土的强度很低,且混凝土灌注桩的成孔是依靠泥浆来平衡的,故采取较适应的桩距对防止坍孔和缩径是一项稳妥的技术措施。

(2)确保桩身成孔垂直精度。确保桩身成孔垂直精度是灌注桩顺利施工的一个重要条件,否则钢筋笼和导管将无法沉放。为了保证成孔垂直精度满足设计要求,应采取扩大桩机支承面积使桩机稳固、经常校核钻架及钻杆的垂直度等措施,并于成孔后下放钢筋前做井径、井斜超声波测试。

(3)确保桩位、桩顶标高和成孔深度。在护筒定位后及时复核护筒的位置,严格控制护筒中心与桩位中心线偏差不大于 50 mm,并认真检查回填土是否密实,以防钻孔过程中发生漏浆的现象。在施工过程中自然地坪的标高会发生一些变化,为准确地控制钻孔深度,在桩架就位后及时复核底梁的水平和桩具的总长度并做好记录,以便在成孔后根据钻杆在钻机上的留出长度来校验成孔达到深度。

为有效地防止塌孔、缩径及桩孔偏斜等现象,除在复核钻具长度时注意检查钻杆是否弯曲外,还根据不同土层情况对比地质资料,随时调整钻进速度,并描绘出钻进成孔时间曲线。当钻进粉砂层进尺速度明显下降,在软黏土中钻进为 0.2 m/min 左右,在细粉砂层中钻进为 0.015 m/min 左右,两者进尺速度相差很大。钻头直径的大小将直接影响孔径的大小,在施工过程中要经常复核钻头直径,如发现其磨损超过 10 mm,就要及时调换钻头。

(4)钢筋笼制作质量和吊放。钢筋笼制作前首先要检查钢材的质保资料,检查合格后再按设计和施工规范要求验收钢筋的直径、长度、规格、数量和制作质量。在验收中还要特别注意钢筋笼吊环长度能否使钢筋准确地吊放在设计标高上,这是由于钢筋笼吊放后是暂时固定在钻架底梁上的,因此吊环长度是根据底梁标高的变化而改变的,所以应根据底梁标高逐根复核吊环长度,以确保钢筋的埋入标高满足设计要求。在钢筋笼吊放过程中,应逐节验收钢筋笼的连接焊缝质量,对质量不符合规范要求的焊缝、焊口则要进行补焊。

(5)灌注水下混凝土前泥浆的制备和第二次清孔。清孔的主要目的是清除孔底沉渣,而孔底沉渣则是影响灌注桩承载能力的主要因素之一。清孔则是利用泥浆在流动时所具有的动能冲击桩孔底部的沉渣,使沉渣中的岩粒、砂粒等处于悬浮状态,再利用泥浆胶体的黏结力使悬浮着的沉渣随着泥浆的循环流动被带出桩孔,最终将桩孔内的沉渣清干净,这就是泥浆的排渣和清孔作用。从泥浆在混凝土钻孔桩施工中的护壁和清孔作用可以看出,泥浆的制备和清孔是确保钻孔桩工程质量的关键环节。因此,对于施工规范中泥浆的控制指标:黏度测定 17 ~ 20 min、含砂率不大于6%、胶体率不小于90% 等在钻孔灌注桩施工过程中必须严格控制,不能就地取材,而需要专门采取泥浆制备,选用高塑性黏土或膨润土,拌制泥浆必须根据施工机械、工艺及穿越土层进行配合比设计。

灌注桩成孔至设计标高,应充分利用钻杆在原位进行第一次清孔,直到孔口返浆比重持续小于 1.10 ~ 1.20,测得孔底沉渣厚度小于 50 mm,即抓紧吊放钢筋笼和沉放混凝土导管。沉放导管时检查导管的连接是否牢固和密实,以防止漏气漏浆而影响灌注。由于孔内原土泥浆在吊放钢筋笼和沉放导管这段时间内使处于悬浮状态的沉渣再次沉到桩孔底部,最终不能被混凝土冲击反起而成为永久性沉渣,从而影响桩基工程的质量。因此,必须在混凝土灌注前利用导管进行第二次清孔。当孔口返浆比重及沉渣厚度均符合规范要求时,应立即进行水下混凝土的灌注工作。

2.成桩质量控制

(1)为确保成桩质量,要严格检查验收进场原材料的质保书

（水泥出厂合格证、化验报告、砂石化验报告），如发现实样与质保书不符，应立即取样进行复查，不合格的材料（如水泥、砂、石、水质）严禁用于混凝土灌注桩。

（2）钻孔灌注水下混凝土的施工主要是采用导管灌注，混凝土的离析现象还会存在，但良好的配合比可减少离析程度，因此现场的配合比要随水泥品种、砂、石料规格及含水量的变化进行调整，为使每根桩的配合比都能正确无误，在混凝土搅拌前都要复核配合比并校验计量的准确性，严格计量和测试管理，并及时填入原始记录和制作试件。

（3）为防止发生断桩、夹泥、堵管等现象，在混凝土灌注时应加强对混凝土搅拌时间和混凝土坍落度的控制。因为混凝土搅拌时间不足会直接影响混凝土的强度，混凝土坍落采用 18 ~ 20 cm，并随时了解混凝土面的标高和导管的埋入深度。导管在混凝土面的埋置深度一般宜保持在 2 ~ 4 m，不宜大于 5 m 和小于 1 m，严禁把导管底端提出混凝土面。当灌注至距桩顶标高 8 ~ 10 m 时，应及时将坍落度调小至 12 ~ 16 cm，以提高桩身上部混凝土的抗压强度。在施工过程中，要控制好灌注工艺和操作，抽动导管使混凝土面上升的力度要适中，保证有程序地拔管和连续灌注，升降的幅度不能过大，如大幅度抽拔导管则容易造成混凝土体冲刷孔壁，导致孔壁下坠或坍落，桩身夹泥，这种现象尤其在砂层厚的地方比较容易发生。

（4）钻孔灌注桩的整个施工过程属隐蔽工程项目，质量检查比较困难，如桩的各种动测方法基本上都是在一定的假设计算模型的基础上进行参数测定和检验的，并要依靠专业人员的经验来分析和判读实测结果。同一个桩基工程，各检测单位用同一种方法进行检测，由于技术人员实践经验的差异，其结论偏差很大的情况也时有发生。

五、质量检验

(一)一般规定

(1)桩基工程应进行桩位、桩长、桩径、桩身质量和单桩承载力的检验。

(2)桩基工程的检验按时间顺序可分为三个阶段:施工前检验、施工检验和施工后检验。

(3)对砂、石子、水泥、钢材等桩体原材料质量的检验项目和方法应符合国家现行有关标准的规定。

(二)施工前检验

(1)施工前应严格对桩位进行检验。

(2)灌注桩施工前应进行下列检验:

①混凝土拌制应对原材料质量与计量、混凝土配合比、坍落度、混凝土强度等级等进行检查;

②钢筋笼制作应对钢筋规格、焊条规格、品种、焊口规格、焊缝长度、焊缝外观和质量、主筋和箍筋的制作偏差等进行检查,钢筋笼制作允许偏差应符合规范要求。

(三)施工检验

(1)灌注桩施工过程中应进行下列检验:

①灌注混凝土前,应按照有关施工质量要求,对已成孔的中心位置、孔深、孔径、垂直度、孔底沉渣厚度进行检验;

②应对钢筋笼安放的实际位置等进行检查,并填写相应质量检测、检查记录;

③干作业条件下成孔后应对大直径桩桩端持力层进行检验。

(2)对于挤土灌注桩,施工过程均应对桩顶和地面土体的竖向和水平位移进行系统观测;若发现异常,应采取复打、复压、引孔、设置排水措施及调整沉桩速率等措施。

(四)施工后检验

(1)根据不同桩型应按规定检查成桩桩位偏差。

(2)工程桩应进行承载力和桩身质量检验。

(3)有下列情况之一的桩基工程,应采用静载荷试验对工程桩单桩竖向承载力进行检测,检测数量应根据桩基设计等级、本工程施工前取得试验数据的可靠性因素,可按现行行业标准《建筑基桩检测技术规范》(JGJ 106—2003)确定:

①工程施工前已进行单桩静载荷试验,但施工过程变更了工艺参数或施工质量出现异常时;

②施工前工程未按《建筑基桩检测技术规范》(JGJ 106—2003)规定进行单桩静载荷试验的工程;

③地质条件复杂,桩的施工质量可靠性低;

④采用新桩型或新工艺。

(4)设计等级为甲、乙级的建筑桩基静载荷试验检测的辅助检测,可采用高应变动测法对工程桩单桩竖向承载力进行检测。

(5)桩身质量除对预留混凝土试件进行强度等级检验外,尚应进行现场检测。检测方法可采用可靠的动测法,对于大直径桩还可采用钻芯法、声波透射法;检测数量可根据现行行业标准《建筑基桩检测技术规范》(JGJ 106—2003)确定。

(6)对专用抗拔桩和对水平承载力有特殊要求的桩基工程,应进行单桩抗拔静载荷试验和水平静载荷试验检测。

(五)基桩及承台工程验收资料

(1)当桩顶设计标高与施工场地标高相近时,基桩的验收应待基桩施工完毕后进行;当桩顶设计标高低于施工场地标高时,应待开挖到设计标高后进行验收。

(2)基桩验收应包括下列资料:

①岩土工程勘察报告、桩基施工图、图纸会审纪要、设计变更单及材料代用通知单等;

②经审定的施工组织设计、施工方案及执行中的变更单;

③桩位测量放线图,包括工程桩位线复核签证单;

④原材料的质量合格和质量鉴定书;

⑤半成品如预制桩、钢桩等产品的合格证;

⑥施工记录及隐蔽工程验收文件;

⑦成桩质量检查报告;

⑧单桩承载力检测报告;

⑨基坑挖至设计标高的基桩竣工平面图及桩顶标高图;

⑩其他必须提供的文件和记录。

(3)承台工程验收时应包括下列资料:

①承台钢筋、混凝土的施工与检查记录;

②桩头与承台的锚筋、边桩离承台边缘距离、承台钢筋保护层记录;

③桩头与承台防水构造及施工质量;

④承台厚度、长度和宽度的量测记录及外观情况描述等。

第九节 预应力混凝土管桩

一、行业发展及现状

预制混凝土管桩包括预应力混凝土管桩(代号 PC 管桩)、预应力高强混凝土管桩(代号 PHC 管桩)及先张法薄壁预应力混凝土管桩(代号 PTC 管桩)。1984 年,广东省构件公司、广东省基础公司和广东省建筑科学研究所合作,成功研制了新型接桩形式的 PC 管桩,将以往法兰接口桩接头连接改为焊接连接。1987 年,交通部第三航务工程局从日本全套引进预应力高强混凝土管桩生产线,主要规格为 $D = 600 \sim 1\ 000$ mm(D 为外径)。1987 ~ 1994 年,国家建材局苏州混凝土水泥制品研究院和广东省番禺市桥丰水泥制品有限公司在有关科研院所的合作下,通过对引进管桩生产线的消化吸收,自主开发了国产化的 PHC 管桩生产线。20 世纪 80 年代后期,宁波浙东水泥制品有限公司与有关研究院(所)合作,针对我国沿海地区淤泥软土层较多的特点,通过对 PC 管桩的改造,开发了 PTC 管桩,主要规格 $D = 300 \sim 600$ mm。经过 20 多年来的快速发展,据不完全统计,目前国内共有管桩生产企业约 300 家,管桩的规格 $D = 300 \sim 1\ 200$ mm。

预应力混凝土管桩已被广泛应用到高层建筑、民用住宅、公用工程、大跨度桥梁、高速公路、港口、码头等工程中。

二、适用范围

管桩的制作质量要求已有国家标准《先张法预应力混凝土管桩》(GB 13476—2009)。管桩按混凝土强度等级分为预应力混凝土管桩和预应力高强混凝土管桩。前者代号为 PC 管桩,其混凝土强度等级一般为 C60 或 C70;后者代号为 PHC 管桩,混凝土强度等级为 C80,一般要经过高压蒸养才能生产出来,从成型到使用的最短时间只需三四天。管桩按抗裂变矩和极限变矩的大小又可分为 A 型、AB 型、B 型,有效预压应力值为 $3.5 \sim 6.0$ MPa,打桩时桩身混凝土就可能不会出现横向裂缝。所以,对于一般的建筑工程,采用 A 型或 AB 型桩。目前,常用的管桩规格见表 3-11。

表 3-11　常用的管桩规格

外径(mm)	壁厚(mm)	混凝土强度等级	节长(m)	承载力标准值 (kN)
300	70	C60 ~ C80	5 ~ 11	600 ~ 900
400	90	C60 ~ C80	5 ~ 12	900 ~ 1 700
500	100	C60 ~ C80	5 ~ 12	1 800 ~ 2 350
550	100	C60 ~ C80	5 ~ 12	1 800 ~ 2 800
600	105	C80	6 ~ 13	2 500 ~ 3 200

管桩桩尖形式主要有三种:十字型、圆锥型和开口型。前两种属于封口型。穿越砂层时,开口型和圆锥型比十字型好。开口型桩尖一般用在入土深度为 40 m 以上且桩径大于等于 550 mm 的管桩工程中,成桩后桩身下部有 1/3 ~ 1/2 桩长的内腔被土体塞住,从土体闭塞效果来看,单桩承载力不会降低,但挤土作用可以减少。封口桩尖成桩后,内腔可一目了然,对桩身质量及长度可用目测法检查,这是其他桩型所没有的。十字型桩尖加工容易,造价低,破岩能力强。桩尖规格不符合设计要求,也会造成工程质量事故。

管桩桩端持力层可选择为强风化岩层、坚硬的黏土层或密实的砂层,某些地区,基岩埋藏较深,管桩桩尖一般坐落在中密至密实的砂层上,桩长为 30 ~ 40 m,这是以桩侧摩阻力为主的端承摩擦桩。如果基岩埋藏较浅,为 10 ~ 30 m,且基岩风化严重,强风化岩层厚达几米、十几米,这样的工程地质条件,最适合预应力混凝土管桩的应用。预应力混凝土管桩一般可以打入强风化岩层 1 ~ 3 m,即可打入标准贯入击数 $N = 50 ~ 60$ 的地层;管桩不可能打入中风化岩和微风化岩层。

预应力混凝土管桩的应用,同其他任何桩型一样都有局限性。有些工程地质条件就不宜用预应力混凝土管桩,主要有下列四种:孤石和障碍物多的地层不宜应用;有坚硬夹层时不宜应用或慎用;石灰岩地区不宜应用;从松软突变到特别坚硬的地层不宜应用。其中,孤石和障碍物多的地层、有坚硬夹层且又不能做持力层的地区不宜应用管桩,道理显而易见,此处不再赘述。下面重点探讨其他两类不宜应用预应力混凝土管桩的工程地质条件。

(一)石灰岩(岩溶)地区

石灰岩不能做管桩的持力层,除非石灰岩上面存在可做管桩持力层的其他岩土层。大多数情况下,石灰岩上面的覆盖土层属于软土层,而石灰岩是水溶性岩石(包括其他溶岩)几乎没有强风化岩层,基岩表面就是新鲜岩面;在石灰岩地区,溶洞、溶沟、溶槽、石笋、漏斗等"喀斯特"现象相当普遍,在这种地质条件下应用管桩,常常会发生下列工程质量事故:

(1)管桩一旦穿过覆盖层就立即接触到岩面,如果桩尖不发生滑移,那么贯入度就立即变得很小,桩身反弹特别厉害,管桩很快出现破坏现象;或桩尖变形、或桩头打碎、或桩身断裂,破损率往往高达 30% ~ 50%。

(2)桩尖接触岩面后,很容易沿倾斜的岩面滑移。有时桩身突然倾斜,断桩后可很快被发现;有时却慢慢地倾斜,到一定的时间桩身被折断,但不易发现。如果覆盖层浅而软,桩身跑位相当明显,即使桩身不折断,成桩的倾斜率大大超过规范要求。

(3)施工时桩长很难掌握,配桩相当困难。桩长参差不齐、相差悬殊是石灰岩地区的普遍现象。

(4)桩尖只落在基岩面上,周围土体嵌固力很小,桩身稳定性差,有些桩的桩尖只有一部分在岩面上而另一部分却悬空着,桩的承载力难以得到保证。

在岩溶地区打桩,时常可见到一种打桩的假象:在一根桩桩尖附近的桩身混凝土被打碎以后,破碎处以上的桩身混凝土随着上部锤击打桩而连续不断地破坏。从表面上看,锤击一下,桩向下贯入一点,实质上这些锤击能量都用于破坏底部桩身混凝土并将其碎块挤压到四周的土层中,打桩入土深度仅仅是个假象而已。1994 年广州市西郊某工程,设计采用 $\phi 400$ mm 管桩,用 $D50$ 柴油锤施打,取 $R_a = 1\,200$ kN,其中有一根桩足足打入 73 m,打桩时每锤击一次,管桩向下贯入一点,未发现异常,但此地钻孔资料表明 $0 \sim 19$ m 为软土,19.90 m 以下为微风化白云质灰岩,管桩不可能打入微风化岩。为了分析原因,设计者组织钻探队在离桩边约 40 cm 处进行补钻,发现当钻到地面以下 $11 \sim 12$ m 处,其是混凝土破碎造成的,在这个工地上,类似这样的"超长桩"占整桩数 15% 以上,给基础工程质量的检测和补救工作带来许多困难与麻烦。

（二）从松软突变到特别坚硬的地层

大多数石灰岩地层也属于这种"上软下硬,软硬突变"的地层,但这里指的不是石灰岩,而是其他岩石,如花岗岩、砂岩、泥岩等。一般来说,这些岩石有强、中、微风化岩层之分,管桩以这些基岩的强风化层做桩端持力层是相当理想的,不过有些地区,基岩中缺少强风化岩层,且基岩上面的覆土层比较松软,在这样的地质条件下打管桩,有点类似于石灰岩地区,桩尖一接触硬岩层,贯入度就立即变小甚至为零。石灰岩地层溶洞、溶沟多,岩面地伏不平,而这类非溶岩面一般比较平坦,成桩的倾斜率没有石灰岩地区那么大,但打桩的破损率并不低。在这样的工程地质条件下打管桩,不管管桩质量多好,施工技术多高明,桩的破损率仍然会很高,这是因为中间缺少一层"缓冲层"。这样的工程地质条件在广州、深圳等地都遇到过,打管桩的破损率高达 10% ~ 20%,因此有些工程半途改桩型,有些做补强措施。实际上,基岩上部完全无强风化岩情况比较少见,但有些强风化岩层很薄,只有几十厘米,这样的地质条件应用管桩也是弊多利少。有些工程整个场区的强风化岩层较厚,只有少数承台下强风化的岩层很薄,这少数承台中的桩,收锤贯入度要放宽,单桩承载力设计值要降低,适当增加一些桩,也是可以解决问题的。

以上探讨的是打入式管桩不宜使用的工程地质条件,如果是采用静压方法情况就不同了,有些不宜应用管桩的工程地质条件也可以应用,所以大吨位静力压桩法是大有发展前景的。

三、预应力混凝土管桩的优缺点

（一）优点

（1）单桩承载力高。预应力混凝土管桩桩身混凝土强度高,可打入密实的砂层和强风化岩层,由于挤压作用,桩端承载力可比原状土质提高 70% ~ 80%，桩侧摩阻力提高 20% ~ 40%。因此，预应力混凝土管桩承载力设计值要比同样直径的灌注桩和人工挖孔桩高。

预应力混凝土管桩和预应力混凝土管桩截面分别见图 3-15 和图 3-16。

图 3-15   预应力混凝土管桩

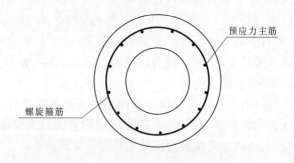

图 3-16   预应力混凝土管桩截面

（2）应用范围广。预应力混凝土管桩是由侧阻力和端阻力共同承受上部荷载的，可选择强风化岩层、全风化岩层、坚硬的黏土层或密实的砂层（或卵石层）等多种土质作为持力层，且对持力层起伏变化大的地质条件适应性强。因此,适应地域广,建筑类型多。

管桩规格多,一般的厂家可生产$\phi 300 \sim \phi 600$ mm 的管桩,个别厂家可生产$\phi 800$ mm 及$\phi 1\,000$ mm 的管桩。单桩承载力达到$600 \sim 4\,500$ kN。在同一建筑物基础中,可根据柱荷载的大小采用不同直径的管桩,充分发挥每根桩的承载能力,使桩长趋于一致,保持桩基沉降均匀。

因管桩桩节长短不一,通常设 $4 \sim 16$ m 一节,搭配灵活,接长方便,在施工现场可随时根据地质条件的变化调整接桩长度,节省用桩量。

目前,预应力混凝土管桩已被广泛应用到高层建筑、大跨度桥梁、高速公路、港口、码头等工程中。

(3)沉桩质量可靠。预应力混凝土管桩是工厂化、专业化、标准化生产,桩身质量可靠;运输吊装方便,接桩快捷;机械化施工程度高,操作简单,易控制;在承载力、抗弯性能、抗拔性能上均能得到保证。

管桩节长一般在 13 m 以内,桩身具有预压应力,起吊时用特制的吊钩勾住管桩的两端就可方便地吊起来。接桩采用电焊法,两个电焊工一起工作,$\phi 500$ mm 的管桩一个接头仅需约 20 min 即可完成。

(4)成桩长度不受施工机械的限制。管桩成桩搭配灵活,成桩长度可长可短,不像沉管灌注桩受施工机械的限制,也不像人工挖孔桩,成桩长度受地质条件的限制。

(5)施工速度快,工效高,工期短。管桩施工速度快,一台打桩机每台班至少可打 $7 \sim 8$ 根桩,可完成 $20\,000$ kN 以上承载力的桩基工程。管桩工期短,主要表现在以下 3 个方面:

①施工前期准备时间短,尤其是 PHC 桩,从生产到使用的最短时间只需三四天;

②施工速度快,对于一幢 2 万 ~ 3 万 m^2 建筑面积的高层建筑,1 个月左右便可完成沉桩;

③检测时间短,2 ~ 3 周便可测试检查完毕。

(6)桩身穿透力强。因为管桩桩身强度高,加上有一定的预应力,桩身可承受重型柴油锤成百上千次的锤击而不破裂,而且可穿透 5 ~ 6 m 的密集砂隔层。从目前应用情况看,如果设计合理,施工收锤标准定得恰当,施打管桩的破损率一般不会超过 1% 。

(7)造价低。从材料用量上比较,预应力混凝土管桩与钢筋混凝土预制方桩相当,比灌注桩经济高效。

(8)施工文明,现场整洁。预应力混凝土管桩的机械化施工程度高,现场整洁,施工环境好。不会发生钻孔灌注桩工地泥浆满地流的脏污情况,容易做到文明施工,安全生产。减少安全事故,也是提高间接经济效益的有效措施。

(二)缺点

(1)用柴油锤施打管桩时,振动剧烈,噪声大,挤土量大,会造成一定的环境污染和影响。采用静压法施工可解决振动剧烈和噪声大的问题,但挤土作用仍然存在。

(2)打桩时送桩深度受到限制,在深基坑开挖后截去余桩较多,但用静压法施工,送桩深度可加大,余桩较少。

(3)在石灰岩做持力层、"上软下硬、软硬突变"等地质条件下,不宜采用锤击法施工。

四、作用机制

静压法具有无噪声、无振动、无冲击力等优点;同时,压桩桩型一般选用预应力混凝土管桩,该桩做基础具有工艺简明、质量可靠、造价低、检测方便的特性。两者的结合大大推动了静压管桩的应用。

沉桩施工时,桩尖"刺入"土体中,原状土的初应力状态受到破坏,造成桩尖下土体的压缩变形,土体对桩尖产生相应阻力,随着桩贯入压力的增大,当桩尖处土体所受应力超过其抗剪强度时,土体发生急剧变形而达到极限破坏,土体产生塑性流动(黏性土)或挤密侧移和下拖(砂土),在地表处,黏性土体会向上隆起,砂性土则会被拖带下沉。在地面深处,由于上覆土层的压力,土体主要向桩周水平方向挤开,使贴近桩周处土体结构完全破坏。由于较大的辐射向压力的作用也使邻近桩周处土体受到较大扰动影响,此时桩身必然会受到土体的强大法向抗力所引起的桩周摩阻力和桩尖阻力的抵抗,当桩顶的静压力大于沉桩时的这些抵抗阻力时,桩将继续"刺入"下沉,反之则停止下沉。

压桩时,地基土体受到强烈扰动,桩周土体的实际抗剪强度与地基土体的静态抗剪强度有很大差异。当桩周土体较硬时,剪切面发生在桩与土的接触面上;当桩周土体较软时,剪切面一般发生在邻近于桩表面处的土体内,黏性土中随着桩的沉入,桩周土体的抗剪强度逐渐下降,直至降低到重塑强度。砂性土中,除松砂外,抗剪强度变化不大,各土层作用于桩上的桩侧摩阻力并不是一个常值,而是一个随着桩的继续下沉而显著减少的变值,桩下部摩阻力对沉桩阻力起显著作用,其值可占沉桩阻力的 50% ~ 80%,它与桩周处土体强度成正比,与桩的入土深度成反比。

一般将桩摩阻力从上到下分成三个区:上部柱穴区、中部滑移区、下部挤压区。施工中因接桩或其他因素影响而暂停压桩,间歇时间的长短虽对继续下沉的桩尖阻力无明显影响,但对桩侧摩阻力的增加影响较大,桩侧摩阻力的增大值与间歇时间长短成正比,并与地基土层特性有关,因此在静压法沉桩中,应合理设计接桩的结构和位置,避免将桩尖停留在硬土层中进行接桩施工。

在黏性土中,桩尖处土体在超静孔降水压力作用下,土体的抗压强度明显下降。砂性土中,密砂受松弛效应影响使土体抗压强度减少,在成层土地基中,硬土中的桩端阻力还将受到分界处黏土层的影响,上覆盖层为软土时,在临界深度以内桩端阻力将随压入硬土内深度增加而增大。下卧为软土时,在临界厚度以内桩端阻力将随压入硬土的增加而减少。

五、设计

(一)单桩竖向承载力特征值

(1)参照《建筑桩基技术规范》(JGJ 94—2008),根据土的物理指标与承载力参数之间的经验关系确定单桩竖向承载力标准值,见下式:

$$Q_{uk} = u \sum_{1}^{n} q_{sik} l_i + q_{pk}(A_j + \lambda_p A_{p1}) \tag{3-44}$$

式中　Q_{uk}——单桩竖向承载力标准值,kPa;

u——桩身周长,m;

q_{sik}——桩周第 i 层土桩的侧阻力标准值,kPa;

l_i——桩穿越第 i 层土的厚度,m;

q_{pk}——极限端阻力标准值,kPa;

A_j——空心桩桩端净面积,m^2;

A_{p1}——空心桩敞口面积,m^2;

λ_p——桩端土塞效应系数;

d——空心桩外径,m。

当 $h_b/d < 5$ 时,$\lambda_p = 0.16 h_b/d$;当 $h_b/d \geqslant 5$ 时,$\lambda_p = 0.8$。

$$R_a = \frac{1}{K} Q_{uk}$$

(2)参照广东省《预应力管桩基础技术规程》中估算公式如下:

$$R_a = r_s u_s q_{si} L_i + r_p q_p A_p \tag{3-45}$$

式中　R_a——单桩竖向承载力标准值,kN;

r_s——桩周土摩擦力调整系数;

u_s——桩身周长,m;

q_{si}——桩周土摩擦力标准值,kN/m^2;

L_i——各土层划分的各段桩长,m;

r_p——桩端土承载力调整系数;

q_p——桩端土承载力标准值,kN/m^2;

A_p——桩身横截面面积,m^2。

(3)桩尖进入强风化岩层的管桩单桩竖向承载力标准值的经验公式如下:

$$R_a = 100NA_p + u_p \sum_{i=1}^{n} q_{si}L_i \qquad (3-46)$$

式中 R_a——单桩竖向承载力标准值;

N——桩端处强风化岩的标准贯入值;

A_p——桩尖(封口)投影面积;

u_p——管桩桩身外周长;

L_i——各土层划分的各段桩长;

q_{si}——桩周土的摩擦力标准值,强风化岩的 q_{si} 值取 150 kPa。

公式适用范围:①管桩桩尖必须进入 $N \geq 50$ 的强风化岩层,当 $N > 60$ 时,取 $N = 60$;②当计算出来的 R_a 大于桩身额定承载力 R_b 时,取 R_a 为额定承载力 R_b。

对于入土深度 40 m 以上的超长管桩,采用现行规范提供的设计参数,是可以求得较高的承载力的,但对于一些 10 ~ 20 m 的中短桩,尤其像这种地质条件,强风化岩层顶面埋深约 20 m,地面以下 16 ~ 17 m 都是淤泥软土,只有下部 2 ~ 3 m 才是硬塑土层,这种桩尖进入强风化岩层 1 ~ 3 m 的管桩,按现行规范提供的设计参数计算,承载力远远偏小,有时计算值要比实际应用值小一半左右。单桩承载力设计值定得很低,会造成很大浪费。事实上,管桩有其独特之处,管桩穿越土层的能力比预制方桩强得多,管桩桩尖进入风化岩层后,经过剧烈的挤压,桩尖附近的强风化岩层已不是原来的状态,岩体承载力几乎达到中风化岩体的原状水平,据对多只试压桩试验结果进行反算以及对管桩应力实测数据表明,管桩桩尖进入强风化岩层后 $q_p = 5\,000 \sim 6\,000\ \text{kPa}$,$q_s = 130 \sim 180\ \text{kPa}$,而现行规范没有列出强风化岩体的设计参数,一般参照坚硬的土层,取 $q_p = 2\,500 \sim 3\,000\ \text{kPa}$,$q_s = 40 \sim 50\ \text{kPa}$,这样的设计结果偏小。

(4)管桩桩身额定承载力。就是桩身最大允许轴向承压力,目前我国管桩生产厂家多数套用日本和英国采用的公式,即

$$R_b = 1/4(f_{ce} - \sigma_{pc})A \tag{3-47}$$

式中　R_b——管桩桩身额定承载力;

　　　f_{ce}——管桩桩身混凝土设计强度,如 C80,取 $f_{ce} = 80\ \text{kPa}$;

　　　σ_{pc}——桩身有效预应力;

　　　A——桩身有效横截面面积。

还有采用美国 UBC 和 ACI 的计算公式,桩身结构强度按下式验算:

$$\sigma \leq (0.20 \sim 0.25)R - 0.27\sigma_{pc} \tag{3-48}$$

式中　σ——桩身垂直压应力;

　　　R——边长为 20 cm 的混凝土立方体试块的极限抗压强度;

　　　σ_{pc}——桩身截面上混凝土有效预加应力。

(5)桩间距对管桩承载力的影响。规定桩的最小中心距是为了减少桩周应力重叠,也是为了减少打桩对邻桩的影响。规范规定挤土预桩排数超过三排(含三排)且桩数超过 9 根(含 9 根)的摩擦型桩基,桩的最小中心距为 3.0d。目前,大面积的管桩群,在高层建筑的塔楼基础中被广泛应用,有些一个大承台含有管桩 200 余根。如果此时桩最小间距仍为 3.0d(d 为桩径),打桩引起的土体上涌现象很明显,有时甚至可以将施工场地地面抬高 1 m 左右,这样不仅影响桩的承载力,还会将薄弱的管桩接头拉脱。因此,大面积的管桩基础,最小桩间距宜为 4.0d,有条件时采用

$4.5d$,这样挤土影响可大大减少,对保证管桩的设计承载力很有益处。当然,过大的桩间距又会增加桩承台的造价。

（6）对静载试桩荷载最大值的理解。现行基础规范采用 R_a 和 R 两种不同承载力表达方式,R_a 是单桩的竖向承载力标准值,R 是单桩竖向承载力设计值,对桩数为 3 根或 3 根以下的桩承台,取 $R = 1.1R_a$,4 根或 4 根以上的桩承台取 $R = 1.2R_a$。

检验单桩竖向承载力时是用 $2R_a$ 还是用 $2R$ 来进行静载荷试验,不少设计人员往往要求将 2 倍的单桩承载力设计值作为静载荷试验荷载值来评价桩的质量,这是一种误解。按规范要求,应以 $2R_a$ 作为最大荷载值来检验桩的承载力,因为 $2R_a$ 等于单桩竖向极限承载力。如果用 2 倍单桩承载力设计值,也即用 $2.4R_a$ 或 $2.2R_a$（大于极限承载力）为最大荷载来试压,对一些承载力富余量较多的管桩,是可以过关的;对一些承载力没什么富余量的管桩,按 $2R_a$ 来试压,是可以合格的,而按 $2.4R_a$ 来试压是不合格的,结论完全不一样。

（二）配筋计算

管桩截面为圆环形,见图 3-17。

管桩截面配筋计算采用下式:

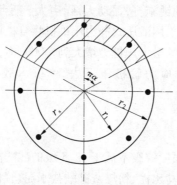

图 3-17　圆环截面计算简图

$$0 \leqslant \alpha\alpha_1 f_c A + (\alpha - \alpha_1) f_y A_s \tag{3-49}$$

$$M \leqslant \frac{2}{3}\alpha_1 f_c A (r_1 + r_2) \frac{\sin\pi\alpha}{\pi} + f_y A_s r_s \frac{\sin\pi\alpha + \sin\pi\alpha_1}{\pi} \tag{3-50}$$

$$\alpha_1 = 1 - 1.5\alpha \tag{3-51}$$

式中　A——环形截面面积；

　　　A_s——全部纵向普通钢筋的截面面积；

　　　r_1、r_2——环形截面的内、外半径；

　　　r_s——纵向普通钢筋重心所在圆周的半径；

　　　α——受压区混凝土截面面积与全截面面积的比值；

　　　α_1——纵向受拉钢筋截面面积与全部纵向钢筋截面面积的
　　　　　比值,当 $\alpha > 2/3$ 时,取 $\alpha_1 = 0$。

六、施工

管桩的施工方法(即沉桩方式)有多种。前些年主要采用打入法,过去采用过自由落锤,目前多采用柴油锤。柴油锤的极限贯入度一般为 20 mm/10 击,过小的贯入度作业会损坏柴油锤,减少其使用寿命。

管桩采用柴油锤施打,振动大,噪声大。近年来,开发了一种静压沉桩工艺,即采用液压式静力压桩机将管桩压到设计持力层。目前,静力压桩机的最大压桩力增大到 5 000 kN,可以将 ϕ 500 mm 和 ϕ 550 mm 的预应力管桩压下去,单桩承载力可达 2 000 ~ 2 500 kN。

(一)原材料

1. 水泥

水泥应采用强度等级不低于 42.5 级的硅酸盐水泥、普通硅酸盐水泥、矿渣硅酸盐水泥、粉煤灰硅酸盐水泥、管桩水泥,其质量应分别符合现行国家标准《硅酸盐水泥、普通硅酸盐水泥》(GB

175—1999）、《矿渣硅酸盐水泥、火山灰质硅酸盐水泥及粉煤灰硅酸盐水泥》（GB 1344—1999）的规定。

水泥进厂时，应有质量保证书或产品合格证。

水泥存放应按厂家、品种、强度等级、批号分别贮存并加以标明，水泥贮存期不得超过 3 个月，过期或对质量有怀疑时应进行水泥质量检验，不合格的产品不得使用。

2. 细骨料

细骨料宜采用天然硬质中粗砂，细度模数宜为 2.5 ~ 3.2，其质量应符合《建筑用砂》（GB/T 14684—2001）的规定。当混凝土强度等级为 C80 时，含泥量应小于 1%；当混凝土强度等级为 C60 时，含泥量应小于 2%。

不得使用未经淡化的海砂。若使用淡化的海砂，混凝土中的氯离子含量不得超过 0.06%。

3. 粗骨料

粗骨料应采用碎石，其最大粒径不大于 25 mm，且不得超过钢筋净距的 3/4，其质量应符合《建筑用卵石、碎石》（GB/T 14685—2001）的规定。

碎石必须经过筛洗后才能使用；当混凝土强度等级为 C80 时含泥量应小于 0.5%，当混凝土强度等级为 C60 时含泥量应小于 1%。

碎石的岩体抗压强度宜大于所配混凝土强度的 1.5 倍。

4. 水

混凝土拌和用水不得含有影响水泥正常凝结和硬化的有害杂质及油质。其质量应符合《混凝土拌合用水》（JGJ 63—89）的规定。不得使用海水。

5. 外加剂

外加剂质量应符合《混凝土外加剂》（GB 8076—2008）的规定；不得采用含有氯盐或有害物的外加剂。选用外加剂应经过试验验证后确定。

6. 掺合料

掺合料不得对管桩产生有害影响,使用前必须对其有关性能和质量进行试验验证。

7. 钢材

预应力钢筋采用预应力混凝土用钢棒,其质量应符合《预应力混凝土用钢棒》(GB/T 5223.3—2005)的规定。

螺旋筋采用冷拔低碳钢丝、低碳钢热轧圆盘条,其质量应分别符合《冷拔钢丝预应力混凝土构件设计与施工规程》(JGJ 19—92)、《低碳钢热轧圆盘条》(GB/T 701—2008)的规定。

端部锚固钢筋宜采用低碳钢热轧圆盘条或钢筋混凝土用热轧带肋钢筋,其质量应分别符合《低碳钢热轧圆盘条》(GB/T 701—2008)、《钢筋混凝土用热轧带肋钢筋》(GB 1499.2—2007)的规定。管桩端部锚固钢筋设置应按照结构设计图确定。

端头板、钢套箍的材质性能应符合《碳素结构钢》(GB/T 700—2006)中Q235的规定。

制作管桩用钢模板应有足够的刚度。模板的接缝不应漏浆,模板与混凝土接触面应平整光滑。

钢材进厂必须提供钢材质保书,进厂后必须按规定进行抽样检验,严禁使用未经检验或检验不合格的钢材。钢材必须按品种、型号、规格和产地分别堆放,并有明显的标记。

8. 焊接材料

手工焊的焊条应符合现行国家标准《碳钢焊条》(GB/T 5117—1995)的规定,焊条型号应与主体构件的金属强度相适应。

焊缝质量应符合现行国家标准《钢结构设计规范》(GB 50017—2003)和《钢结构工程施工质量验收规范》(GB 50205—2001)的规定。

（二）管桩制作

1. 混凝土制备

1）混凝土配合比

预应力混凝土管桩用混凝土强度等级不得低于 C60，预应力高强混凝土管桩用混凝土强度等级不得低于 C80。

离心混凝土配合比的设计参见《普通混凝土配合比设计规程》（JGJ 55—2000），经试配确定。

混凝土坍落度一般控制在 3～7 cm。

2）混凝土原材料计量

原材料计量应采用计量精度高、性能稳定可靠的电子控制设备。

原材料计量允许偏差：水泥、掺合料≤1%，粗、细骨料≤2%，水、外加剂≤1%。

3）混凝土搅拌

混凝土搅拌必须采用强制式搅拌机。混凝土搅拌最短时间应符合《混凝土结构工程施工质量验收规范》（GB 50204—2002）的规定，混合料的搅拌应充分均匀，掺加掺合料时搅拌时间应适当延长，混凝土搅拌制度应经试验确定。

严格按照配料单及测定的砂、石含水量调整配料。

混凝土搅拌完毕，因设备原因或停电不能出料，若时间超过 30 min，则该盘混凝土不得使用；对掺加磨细掺合料的新拌混凝土，其控制时间可经试验后调整。

搅拌机的出料容量必须与管桩最大规格相匹配，每根管桩用混凝土的搅拌次数不宜超过 2 次。

混凝土的质量控制应符合《混凝土质量控制标准》（GB 50164—92）的规定。

2. 钢筋骨架制作

1）预应力主筋加工

主筋应清除油污,不应有局部弯曲,端面应平整,不得有飞边,不同厂家、不同型号规格的钢筋不得混合使用。同根管桩中钢筋下料长度的相对差值不得大于 $L/5\ 000$（L 为桩长,以 mm 计）。

主筋镦头宜采用热镦工艺,钢筋镦头强度不得低于该材料标准强度的 90%。

预应力主筋沿管桩断面圆周分布均匀配置,最小配筋率不低于 0.4%,并不得少于 6 根,主筋净距不应小于 30 mm。

2）骨架制作

螺旋筋的直径应根据管桩规定确定:外径 450 mm 及以下,螺旋筋直径不应小于 4 mm;外径 500 ~ 600 mm,螺旋筋直径不应小于 5 mm;外径 800 ~ 1 000 mm,螺旋筋直径不应小于 6 mm。钢筋骨架螺距最大不超过 110 mm。距桩两端在 1 000 ~ 1 500 mm 长度范围内,螺距为 40 ~ 60 mm。

钢筋骨架采用滚焊机成型,预应力主筋和螺旋筋焊接点的强度损失不得大于该材料标准强度的 5%。

钢筋骨架成型后,各部分尺寸应符合如下要求:预应力主筋间距偏差不得超过 ±5 mm;螺旋筋的螺距偏差,两端处不得超过 ±5 mm,中间部分不得超过 10 mm;主筋中心半径与设计标准偏差不得超过 ±2 mm。

钢筋骨架吊运时要求平直,避免变形。

钢筋骨架堆放时,严禁从高处抛下,并不得将骨架在地面拖拉,以免骨架变形或损坏;同时应按不同规格分别整齐堆放。

钢筋骨架成型后,应按照现行国家标准《先张法预应力混凝土管桩》（GB 13476—2009）的规定,进行外观质量检查。

3）桩接头制作

桩接头应严格按照设计图制作。钢套箍与端头板焊接的焊缝在内侧,所有焊缝应牢固饱满,不得带有夹渣等焊接缺陷。

若需设置锚固筋,则锚固筋应按设计图纸要求选用并均匀垂直分布,端头焊缝周边饱满牢固。

端头板的宽度不得小于管桩规定的壁厚。端头板制作要符合以下规定:主筋孔和螺纹孔的相对位置必须准确,钢板厚度、材质与坡口必须符合设计要求。

4)成型工艺

(1)装、合模。

装模前上、下半模须清理干净,脱模剂应涂刷均匀,张拉板、锚固板应逐个清理干净,并在接触部位涂上机油。

张拉螺栓长度应与张拉板、锚固板的厚度相匹配,防止螺栓过长或过短;禁止使用螺纹损坏的螺栓。

张拉螺栓应对称均匀上紧,防止桩端倾斜和保证安全。

钢筋骨架入模须找正,钢套箍入模时两端应放置平顺,不得发生凹陷或翘起现象,做到钢套箍与钢模紧贴,以防漏浆。

合模时应保证上、下钢模合缝口干净无杂物,并采取必要的防止漏浆的措施,上模要对准轻放,不要碰撞钢套箍。

(2)布料。

布料时,桩模温度不宜超过 45 ℃。

布料要求均匀,宜先铺两端部位,后铺中间部位,保证两端有足够的混凝土。

布料宜采用布料机。

(3)张拉预应力钢筋。

管桩的张拉力应计算后确定,并宜采用应力和伸长值双控确保预应力的控制。预应力钢筋张拉采用先张法模外预应力工艺,总张拉力应符合设计规定,在应力控制的同时检测预应力钢筋的伸长值,当发现两者数值有异常时,应检查、分析原因,及时处理。

张拉的机具设备及仪表,应由专人妥善保管使用,并应定期维护和校验。

当生产过程中发生下列情况之一时,应重新校验张拉设备:张拉时,预应力钢筋连续断裂等异常情况;千斤顶漏油;压力表指针不能退回零点;千斤顶更换压力表。

(4)离心成型。

离心成型分为 4 个阶段:低速、低中速、中速、高速。低速为新拌混凝土混合料通过钢模的翻转,使其恢复良好的流动性;低中速为布料阶段,使新拌混凝土料均匀分布于模壁;中速是过渡阶段,使之继续均匀布料及克服离心力突增,减少内外分层,提高管桩的密实性和抗渗性;高速离心为重要的密实阶段。具体的离心制度(转速与时间)应根据管桩的品种、规格等经试验确定,以获得最佳的密实效果。

由混凝土搅拌开始至离心完毕应在 50 min 内完成。

离心成型中,应确保钢模和离心机平稳、正常运转,不得有跳动、窜动等异常现象。

离心成型后,应将余浆倒尽。

经离心成型的管桩应采用常压蒸汽养护或高压蒸汽养护。蒸汽养护制度应根据所用原材料及设备条件经过试验确定。

5)常压蒸汽养护

管桩蒸汽养护的介质应采用饱和水蒸气。

蒸汽养护分为静停、升温、恒温、降温 4 个阶段。

静停一般控制在 1 ~ 2 h,升温速度一般控制在 20 ~ 25 ℃/h,恒温温度一般控制在(70 ± 5)℃,使混凝土达到规定脱模强度。降温需缓慢进行。

蒸汽养护制度应根据管桩品种、规格、不同原材料、不同季节等经试验确定。

池(坑)内上、下温度要基本一致。养护坑较深时宜采用蒸汽定向循环养护工艺。

6）放张、脱模

预应力钢筋放张顺序应采取对称、相互交错。放张预应力钢筋时,管桩混凝土的抗压强度不得低于设计混凝土强度等级的70%。

预应力混凝土管桩脱模强度不得低于 35 MPa,预应力高强混凝土管桩脱模强度不得低于 40 MPa。

脱模场地要求松软平整,保证脱模时桩不受损伤。

管桩脱模后应按产品标准规定在桩身外表标明永久标识和临时标识。

布料前或脱模后应及时清模并涂刷模板隔离剂。模板隔离剂应采用效果可靠、对钢筋污染小、易清洗的非油质类材料,涂抹模板隔离剂应保证均匀一致,严防漏刷或雨淋。

7）压蒸养护

压蒸养护的介质应采用饱和水蒸气。

预应力高强混凝土管桩经蒸汽养护,脱模后即可进入压蒸釜进行压蒸养护。

压蒸养护制度根据管桩的规格、原材料、季节等经试验确定。

当压蒸养护恒压时,蒸汽压力控制在 0.9~1.0 MPa,相应温度在 180 ℃左右。

当釜内压力降至与釜外大气压一致时,排除余气后才能打开釜门;当釜外温度较低或釜外风速较大时,禁止将桩立即运出釜外降温,以避免因温差过大、降温速率过快而引起温差裂缝。

8）自然养护

预应力混凝土管桩脱模后在成品堆场上需继续进行保湿养护,以保证混凝土表面润湿,防止产生收缩裂缝,确保预应力混凝土管桩出厂时强度等级不低于 C60。

（三）管桩的检验和验收

管桩的检验和验收应符合现行国家标准《先张法预应力混凝土

管桩》(GB 13476—2009)的规定。管桩验收时应提交产品合格证。预制桩制作允许偏差见表 3-12。

表 3-12　预制桩制作允许偏差

项次	项目	允许偏差（mm）
1	直径	±5
2	管壁厚度	−5
3	桩尖中心线	10

预应力混凝土管桩外观质量要求见表 3-13。

表 3-13　预应力混凝土管桩外观质量要求

项目	质量要求
黏皮和麻面	局部黏皮和麻面累计面积不大于桩身总计表面积的 0.5%，其深度不得大于 10 mm
桩身合缝漏浆	合缝漏浆深度小于主筋保护层厚度，每处漏浆长度不大于 300 mm，累计长度不大于管桩长度的 10%，或对称漏浆的搭接长度不大于 100 mm
局部磕损	磕损深度不大于 10 mm，每处面积不大于 50 cm²，不允许内外表面露筋
表面裂缝	不允许出现环向或纵向裂缝，但龟裂、水纹及浮浆层裂纹不在此限
端面平整度	管桩端面混凝土及主筋镦头不得高出端板平面，断头、脱头不允许。但当预应力主筋采用钢丝且其断丝数量不大于钢丝总数的 3% 时，允许使用桩套箍（钢裙板）
凹陷	凹陷深度不得大于 10 mm，每处面积不大于 25 cm²，不允许内表面混凝土塌落
桩接头及桩套箍（钢裙板）与混凝土结合处漏浆	漏浆深度小于主筋保护层厚度，漏浆长度不大于周长的 1/4

（四）管桩的吊装、运输和堆放

管桩达到设计强度的 70% 方可起吊，达到 100% 才能运输。桩起吊时应采取相应措施，保持平稳，保护桩身质量。水平运输时，应做到桩身平稳放置，无大的振动。

（1）根据施工桩长、运输条件和工程地质情况对桩进行分节设计，桩节长度一般为 10～12 m，其余节按施工桩长配桩。

（2）管桩在装车、卸车时，现场辅助吊机采用两点水平起吊，钢丝绳夹角必须大于 45°。

（3）管桩桩身混凝土达到放张强度脱模后即可水平吊运，满足龄期要求后才能沉桩。

（4）装卸时轻起轻放，严禁抛掷、碰撞、滚落，吊运过程保持平稳。

（5）运输过程中，支点必须满足两点法的位置（支点距离桩端 $0.207L$，L 为桩长）处，并垫以楔形木，防止滚动，保证层与层间垫木及桩端的距离相等。运输车辆底层设置垫枕，并保持同一平面。

（6）管桩在施工现场的堆放应按下列要求进行：

①管桩应按不同长度规格和施工流水作业顺序分别堆放，以利于施工作业。

②堆放场地应平整、坚实。

③若施工现场条件许可，宜在场面上堆放单层管桩，此时下面可不用垫木支承。

④管桩叠堆两层或两层以上（最高只能叠堆四层）时，底层必须设置垫木，垫木不得下陷入土，支承点应设在离桩端部 0.2 倍的桩长处，严禁有 3 个或 3 个以上支承点，底层最外边的管桩应在垫木处用木楔塞紧以防滚边。垫木应选用耐压的长木方或枕木，不得使用有棱角的金属构件。

（7）打桩施工时，采用专门吊机取桩、运桩。若立桩采用一点绑扎起吊，绑扎点距离桩端 $0.239L$（L 为桩长）。

（五）打桩施工准备

（1）认真处理高空、地上和地下障碍物。对现场周围（50 m 以内）的建筑物作全面检查。

（2）对建筑物基线以外 4～6 m 以内的整个区域及打桩机行驶路线范围内的场地进行平整、夯实。在桩架移动路线上，地面坡度不得大于 1%。

（3）修好运输道路，做到平坦坚实。打桩区域及道路近旁应排水畅通。

（4）施工场地达到"三通一平"，打桩范围内按设计敷设 0.6～1.0 m 厚，粒径不大于 30 cm 的碎石土工作垫层。

（5）在打桩现场或附近需设置水准点，数量为 2 个，用以抄平场地和检查桩的入土深度。根据建筑物的轴线控制桩定出桩基每个桩位，作出标志，并应在打桩前，对桩的轴线和桩位进行复验。

（6）打桩机进场后，应按施工顺序敷设轨垫，安装桩机和设备，接通电源、水源，并进行试机，然后移机至起点桩就位，桩架应垂直平稳。

（7）通过试桩校验静压桩或打入桩设备的技术性能、工艺参数及其技术措施的适宜性，试桩不少于 2 根。

（8）在桩身上画出以米为单位的长度标记，用于静压或打入桩时观察桩的入土深度。

（六）定位放样

管桩基础施工的轴线定位点和水准基点应设置在不受施工影响的地方，一般要求距离群桩的边缘不少于 30 m。

（1）根据设计图纸编制桩位编号及测量定位图。

（2）沉桩前，先放出定位轴线和控制点，在桩位中心处用钢筋头打入土中，然后以钢筋头为圆心、桩身半径为半径，用白灰在地上画圆，使桩头能依据圆准确定位。

（3）桩机移位后，应进行第二次核样，保证工程桩位放样偏差值小于 10 mm。

（4）将管桩吊起，送入桩机内，然后对准桩位，将桩插入土中 1.0～1.5 m，校正桩身垂直度后，开始沉桩。如果桩在刚入土过程中碰到地下障碍物，发生桩位偏差超出允许偏差范围时，必须及时将桩拔出进行重新插桩施工；如果桩入土较深而碰到地下障碍物，应及时通知有关单位，协商处理发生情况，以便施工顺利进行。

（5）管桩的垂直度控制。管桩直立就位后，采用两台经纬仪在离桩架 15 m 以外正交方向进行观察校正，也可在正交方向上设置两根垂直垂线吊砣进行观察校正，要求打入前垂直度控制在 0.3% 以内，成桩后垂直度应控制在 0.5% 以内。每台打桩机配备一把长条水准尺，可随时量测桩体的垂直度和桩端面的水平度。

（七）沉桩

沉桩时，用两台经纬仪交叉检查桩身垂直度。待桩入土一定深度且桩身稳定后，再按正常沉桩速度进行。

1. 静压法

静压法沉桩是通过静力压桩机的压桩机构以压桩机自重和机架上的配重提供反力而将桩压入土中的沉桩工艺。压桩程序一般情况下都采取分段压入、逐段接长的方法，其施工工序如下：

测量定位→桩尖就位、对中、调直→压桩→接桩→再压桩→送桩（或截桩）。

压桩时通过夹持油缸将桩夹紧，然后使用压桩油缸，将压力施加到桩上，压力由压力表反映。在压桩过程中要认真记录桩入土深度和压力表读数，以判断桩的质量及承载力。当压力表读数突然上升或下降时，要停机对照地质资料进行分析，看是否遇到障碍物或产生断桩情况等。

2. 锤击法

1）施工工序

锤击沉桩的施工工序如下：

测量放线定桩位→桩机就位→运桩至机前→安装桩尖→桩管起吊、对位并插桩→调整桩及桩架的垂直度→开锤施打→复核垂直度,继续施打→第二节桩起吊、接桩→施打第二节桩,测量贯入度,直至达到设计要求的收锤标准时收锤→桩机移位。

管桩在打入前,在桩身上划出以米为单位的长度标记,并按以下至上的顺序标明桩的长度,以便观察桩的入土深度及每米锤击数。

2)施工原则

施工时应按下列原则进行锤击沉桩:

(1)重锤低击原则,第一节桩初打时应用小落距施打,等桩尖入土后,桩的垂直度及平面位置都符合要求,地质情况也无异常后再用较大落距进行施打。

(2)桩的施打须一气呵成,连续进行,采取措施缩短焊接时间,原则上当天开打的桩必须当日打完。

(3)选择合适的桩帽、桩垫、锤垫,避免打坏桩头。

(4)施工时如遇贯入度剧变、桩身突然偏斜、跑位及与邻桩深度相差过大、地面明显隆起、邻桩位移过大等异常情况,应立即停止施工,及时会同有关部门研究处理意见后再复工。

3)收锤标准

根据设计要求,结合试桩报告、地质资料,当沉桩满足设计贯入度和桩入土深度达到要求时,即可收锤。

若沉桩贯入度和桩入土深度达不到设计要求,收锤标准宜采用双控,即当桩长小于设计要求,而贯入度已经达到设计规定数值时,应连续锤击3阵,每阵贯入度均小于规定数值时可以收锤;当沉锤深度超过设计要求时,也应打至贯入度等于或稍小于规定数值时收锤。

打桩的最后贯入度应在桩头完好无损、柴油锤跳动正常、锤击没有偏心、桩帽衬垫和送桩器等正常条件下测量。

　　收锤标准与场地的工程地质条件、单桩承载力设计值、桩的种类规格长短、柴油锤的冲击能量等多种因素有关,收锤标准应包括最后贯入度、桩入土深度、总锤击数、每米锤击数及最后 1 m 锤击数、桩端持力层及桩尖进入持力层深度等综合指标。

　　收锤标准即停止施打的控制条件与管桩的承载力之间的关系相当密切,尤其是最后贯入度,常常被作为收锤时的重要条件,但将最后贯入度作为收锤标准的唯一指标的观点值得商榷,因为贯入度本身就是一个变化的不确定的量:

　　(1)不同柴油锤贯入度不同。

　　重锤与轻锤打同一根桩,贯入度要求不同。

　　(2)不同桩长贯入度要求不同。

　　同一个锤打长桩和打短桩,贯入度要求不同。根据动量原理,冲击能相同,质量大(长桩)的位移小即贯入度小,反之贯入度大。所以,承载力相同的管桩,短桩的贯入度要求可大一些,长桩的贯入度应该小一些。

　　(3)收锤时间不同,贯入不同。

　　在黏土层中打管桩,刚打好就立即测贯入度,贯入度可能比较大,由于黏土的重塑固结作用,过几小时或几天再测试,贯入度就小得多了。在一些风化残积土很厚的地区打桩,初时测出的贯入度比较大,只要停一两个小时再复打,贯入度就锐减,有的甚至变为零。而在砂层中打桩,刚收锤时贯入度很小,由于砂粒的松弛时效影响,过一段时间再复打,贯入度可能会变大。

　　(4)有无送桩器测出的贯入度不同。

　　因为送桩器与桩头的连接不是刚性的,锤击能量在这里的传递不顺畅,所以同一大小的冲击能量,直接作用在桩头上,测出的贯入度大一些,装上送桩器施打,测出的贯入度小一些。为要达到设计承载力,使用送桩器时的收锤贯入度应比不用送桩器的收锤贯入度要严些。

（5）不同设计对承载力贯入度要求不同。

一般来说,同一场区、同一规格承载力设计值较低的桩,收锤贯入度要求大一些;反之,贯入度可小一些。

对于管桩的桩尖坐落在强风化基岩的情况,一般来说,桩尖进入 $N = 50 \sim 60$ 的强风化岩层中,单桩承载力标准值可达到或接近管桩桩身的额定承载力,贯入度大多数为 $15 \sim 50$ mm/10 击,说明桩锤选小了,换大一级柴油锤即可解决问题。用重锤低击的施打方法,可使打桩的破损减少到最低程度,承载力也可达到设计要求。

（6）不同设计承载力贯入度的“灵敏度”不同。

以桩侧摩阻力为主的端承摩擦桩,对贯入度的“灵敏度”较低,摩阻力占的比例越大,“灵敏度”越低;而以桩端阻力为主的摩擦端承桩,由于要有足够的端承力作保证,收锤时的贯入度要求比较严格,也可说这类桩对贯入度的“灵敏度”高。

（八）接桩

（1）当管桩需要接长时,其入土部分桩段的桩头离地面 50 cm左右可停锤开始接桩。

（2）下节桩的桩头处设导向箍以方便上节桩就位。接桩时上下节桩段应保持顺直,错位偏差不得大于 2 mm。

（3）上下节桩之间的空隙应用铁片全部填实,结合面的间隙不得大于 2 mm。

（4）焊接前,焊接坡口表面应用铁刷子清刷干净,露出金属光泽。

（5）焊接前先在坡口圆周上对称点焊 6 处,待上下桩节固定后,施焊由两到三个焊工同时进行。

（6）每个接头焊缝不少于两层,内层焊渣必须清理干净以后方能施焊外一层,每层焊缝接头应错开,焊缝应饱满连续,不出现夹渣或气孔等缺陷。

（7）施焊完毕后自然冷却 8 min 方可继续进行,严禁用水冷却或焊好即打。

（九）配桩与送桩

1. 配桩

在施工前,先详细研究地质资料,然后根据设计图纸、地质资料预估桩长(桩顶设计标高至桩端的距离),对每条桩进行配桩,同时在每个承台的桩施工前,对第一条桩适当地配长一些(一般多配 1.5~2.0 m),以便掌握该地方的地质情况,其他的桩可以根据该桩的入土深度或加或减,合理地使用材料,节约管桩。

2. 送桩

（1）如由于送桩时桩帽与桩顶之间有一定空隙,因此打桩时此部分不是一个很好的整体,往往使桩容易偏斜和损坏,另外打桩锤击力经送桩器后,能量有所消耗,影响对桩的打击能力。因此,送桩不宜太深,且应控制在设计允许的范围内。

（2）送桩前应测出桩的垂直度,合格者方可送桩。

（3）送桩作业时,送桩器与管桩桩头之间应放置 1~2 层麻袋或硬纸板做衬垫。送桩器上、下两端面应平整,且与送桩器中心轴线相垂直。送桩器下端面应开孔,使管桩内腔与外界连通。

（4）打桩至送桩的间隔时间不应太长,应即打即送。

（十）打桩记录

整个打桩过程中,要对每一节桩和每一根桩的施工情况作出如实的记录,对每节桩的编号、桩的偏差和打桩的锤数作好记录。要求记录每一根桩的各节桩的编号和施打日期。对桩长和桩的贯入度记录清楚。在施工过程中应设专人负责记录。

打桩施工记录要按规范要求做好"钢筋混凝土预制桩施工记录"表,每一焊位、桩长及贯入度记录均应请现场业主代表或监理代表签字认可。

七、质量检验

(一)施工前检验

(1)施工前应严格对桩位进行检验。

(2)混凝土预制桩施工前应进行下列检验:

①成品桩应按选定的标准图或设计图制作,现场应对其外观质量及桩身混凝土强度进行检验;

②应对接桩用焊条、压桩用压力表等材料和设备进行检验。

(二)施工检验

(1)混凝土预制桩施工过程中应进行下列检验:

①打入(静压)深度、停锤标准、静压终止压力值及桩身(架)垂直度检查;

②接桩质量、接桩间歇时间及桩顶完整状况;

③每米进尺锤击数、最后1.0 m锤击数、总锤击数、最后三阵贯入度及桩尖标高等。

(2)对于挤土预制桩,施工过程均应对桩顶和地面土体的竖向及水平位移进行系统观测;若发现异常,应采取复打、复压、引孔、设置排水措施及调整沉桩速率等措施。

(三)施工后检验

工程桩应进行承载力和桩身质量检验。

第十节　石灰桩法

石灰桩是指采用机械或人工在地基中成孔,然后贯入生石灰或按一定比例加入粉煤灰、炉渣、火山灰等掺合料及少量外加剂进行振密或夯实而形成的密实桩体。为提高桩身强度,还可掺加石膏、水泥等外加剂。石灰桩与经过改良后的桩周土共同承担上部建筑物载荷,属复合地基中的低黏结强度的柔性桩。

　　我国研究和应用石灰桩可分为三个阶段。

　　第一阶段是 1953 年以前,它的施工方法是人工用短木桩在土里冲出孔洞,向土孔中投入生石灰块,稍加捣实就形成了石灰桩。

　　第二阶段是 1953 ~ 1961 年。当时,以天津大学范恩锟教授为首,组建了研究小组,并将石灰桩的研究正式列入国家基本建设委员会的研究计划。先后进行了室内外的载荷试验、石灰和土的物理力学试验,实测了生石灰的吸水量、水化热和胀发力等基本参数。这项工作历时 5 年,为 20 世纪 50 年代石灰桩的研究和应用,以及后来的进一步研究和发展奠定了基础。

　　我国石灰桩研究与应用的第三次高潮始于 1975 年,由北京铁路局勘测设计所等单位在天津塘沽对吹填软土路基进行石灰桩处理的试验研究。在 120 m×20 m 区段内采用了换填土、长砂井、砂垫层、石灰桩、短密砂井等六种方法,进行了对比试验,结果表明了石灰桩的加固效果最佳。

　　此后,石灰桩的研究工作很快在全国各地展开。

　　当前,石灰桩的研究工作还在进一步深入,研究的重点是各种施工工艺的完善和实测总结设计所需的各种计算参数,使设计施工更加科学化、规范化。

一、适用范围

　　石灰桩法适用于处理饱和黏性土、淤泥、淤泥质土、素填土和杂填土等地基;用于地下水位以上的土层时,宜增加掺合料的含水量并减少生石灰用量,或采取土层浸水等措施。

　　石灰桩属可压缩的低黏结强度桩,能与桩间土共同作用形成复合地基。

　　由于生石灰的吸水膨胀作用,它特别适用于新填土和淤泥的加固,生石灰吸水后还可使淤泥产生自重固结。形成强度后的密集的石灰桩身与经加固的桩间土结合为一体,使桩间土欠固结状态消失。

石灰桩与灰土桩不同,可用于地下水位以下的土层,用于地下水位以上的土层时,如土中含水量过低,则生石灰水化反应不充分,桩身强度降低,甚至不能硬化。此时,采用减少生石灰用量和增加掺合料含水量的办法,经实践证明是有效的。

石灰桩不适用于地下水下的砂类土。

二、作用机制

石灰桩的主要作用机制是通过生石灰的吸水膨胀挤密桩周土,继而经过离子交换和胶凝反应使桩间土强度提高。同时,桩身生石灰与活性掺合料经过水化、胶凝反应,使桩身具有 0.3 ~ 1.0 MPa 的抗压强度。

(一)挤密作用

石灰桩施工时是由振动钢管下沉成孔,使桩间土产生挤压和排土作用,其挤密效果与土质、上覆压力及地下水状况等有密切关联。一般地基土的渗透性越大,打桩挤密效果越好。

石灰桩在成孔后贯入生石灰便吸水膨胀,使桩间土受到强大的挤压力,这对地下水位以下软黏土的挤密起主导作用。测试结果表明:根据生石灰的质量高低,在自然状态下熟化后其体积可增加 1.5 ~ 3.5 倍,即体膨胀系数为 1.5 ~ 3.5。

(二)高温效应

生石灰水化放出大量的热量。桩内温度最高达 200 ~ 300 ℃,桩间土的温度最高可达 40 ~ 50 ℃。升温可以促进生石灰与粉煤灰等桩体掺合料的凝结反应。高温引起了土中水分的大量蒸发,对减少土的含水量、促进桩周土的脱水起有利作用。

(三)置换作用

石灰桩作为竖向增强体与天然地基土体形成复合地基,使得压缩模量大大提高,工后沉降减少,而且复合地基抗剪强度大大提高,稳定安全系数也得到提高。

(四)排水固结作用

由于桩体采用了渗透性较好的掺合料,因此石灰桩桩体不同于深层搅拌水泥土桩桩体,石灰桩桩体的渗透系数为 4.07×10^{-3} ~ 6.13×10^{-5} cm/s,相当于粉细砂,桩体排水作用良好。石灰桩的桩距比水泥土搅拌桩的桩距小,水平向的排水路径短,有利于桩间土的排水固结。

(五)加固层的减载作用

石灰桩的密度显著小于土的密度,即使桩体饱和后,其密度也小于土的天然密度。当采用排土成桩时,加固层的自重减小,作用在下卧层的自重应力显著减小,即减小了下卧层顶面的附加应力。

采用不排土成桩时,对于杂填土和砂类土等,由于成孔挤密了桩间土,加固层的重量变化不大。对于饱和黏性土,成孔时土体将隆起或侧向挤出,加固层的减载作用仍可考虑。

(六)化学加固作用

1. 桩体材料的胶凝反应

生石灰与活性掺合料的反应很复杂,主要生成了强度较高的硅酸钙及铝酸钙等,它们不溶于水,在含水量很高的土中可以硬化。

2. 石灰与桩周土的化学反应

石灰与桩周土的化学反应包括离子作用(熟石灰的吸水作用)、离子交换(水胶联结作用)、固结反应和石灰的碳酸化。

三、设计

(一)桩的布置

石灰桩成孔直径应根据设计要求及所选用的成孔方法确定,常用 300~400 mm,可按等边三角形或矩形布桩,桩中心距可取 2~3 倍成孔直径。石灰桩可仅布置在基础底面下,当基底土的承载力特征值小于 70 kPa 时,宜在基础以外布置 1 ~ 2 排围护桩。

试验表明,石灰桩宜采用细而密的布桩方式,这样可以充分发挥生石灰的膨胀挤密效应,但桩径过小会影响施工速度。目前,人工成孔的桩直径以 300 mm 为宜,机械成孔直径以 350 mm 左右为宜。

以往是将基础以外也布置数排石灰桩,如此则造价剧增,试验表明在一般的软土中,围护桩对提高复合地基承载力的增益不大。在承载力很低的淤泥或淤泥质土中,基础外围增加 1 ~ 2 排围护桩有利于对淤泥的加固,可以提高地基的整体稳定性,同时围护桩可将土中大孔隙挤密,能起止水的作用,可提高内排桩的施工质量。

(二)桩长

洛阳铲成孔桩长不宜超过 6 m;机械成孔管外投料时,桩长不宜超过 8 m;螺旋钻成孔及管内投料时可适当加长。

洛阳铲成孔(人工成孔)桩长不宜超过 6 m,如用机动洛阳铲可适当加长。机械成孔管外投料时,如桩长过长,则不能保证成桩直径,特别在易缩孔的软土中,桩长只能控制在 6 m 以内,不缩孔时,桩长可控制在 8 m 以内。

石灰桩桩端宜选在承载力较高的土层中。在深厚的软弱地基中采用悬浮桩时,应减少上部结构重心与基础形心的偏心,必要时宜加强上部结构及基础的刚度。

由于石灰桩复合地基桩土变形协调,石灰桩身又为可压缩的柔性桩,复合土层承载性能接近人工垫层。大量工程实践证明,复合土层沉降仅为桩长的 0.5% ~ 0.8%,沉降主要来自于桩底下卧层,因此宜将桩端置于承载力较高的土层中。石灰桩具有减载和预压作用,因此在深厚的软土中刚度较好的建筑物有可能使用悬浮桩,在无地区经验时,应进行大压板载荷试验,确定加固深度。

地基处理的深度应根据岩土工程勘察资料及上部结构设计要求确定。应按现行国家标准《建筑地基基础设计规范》(GB

50007—2002）验算下卧层承载力及地基的变形。

（三）固化剂

石灰桩的主要固化剂为生石灰，掺合料宜优先选用粉煤灰、火山灰、炉渣等工业废料。生石灰与掺合料的配合比宜根据地质情况确定，生石灰与掺合料的体积比可选用1:1或1:2，对于淤泥、淤泥质土等软土可适当增加生石灰用量，桩顶附近生石灰用量不宜过大。当掺石膏和水泥时，掺加量为生石灰用量的3%～10%。

块状生石灰经测试，其孔隙率为35%～39%，掺合料的掺入数量理论上至少应能充满生石灰块的孔隙，以降低造价，减少生石灰膨胀作用的内耗。

生石灰与粉煤灰、炉渣、火山灰等活性材料可以发生水化反应，生成不溶于水的水化物，同时使用工业废料也符合国家环保政策。

在淤泥中增加生石灰用量有利于淤泥的固结，桩顶附近减少生石灰用量可减少生石灰膨胀引起的地面隆起，同时桩体强度较高。

当生石灰用量超过总体积的30%时，桩身强度下降，但对软土的加固效果较好，经过工程实践及试验总结，生石灰与掺合料的体积比以1:1或1:2较合理，土质软弱时采用1:1，一般采用1:2。

桩身材料加入少量的石膏或水泥可以提高桩身强度，在地下水渗透较严重的情况下或为提高桩顶强度时，可适量加入。

（四）垫层

石灰桩属可压缩性桩，一般情况下桩顶可不设垫层。石灰桩桩身根据不同的掺合料有不同的渗透系数，其值为 10^{-3}～10^{-5} cm/s 量级，可作为竖向排水通道。当地基需要排水通道时，可在桩顶以上设200～300 mm 厚的砂石垫层。

（五）封口

石灰桩宜留500 mm 以上的孔口高度，并用含水量适当的黏性土封口,封口材料必须夯实,封口标高应略高于原地面。石灰桩桩顶施工标高应高出设计桩顶标高 100 mm 以上。

　　由于石灰桩的膨胀作用,桩顶覆盖压力不够时,易引起桩顶土隆起,增加再沉降,因此其孔口高度不宜小于 500 mm,以保持一定的覆盖压力。其封口标高应略高于原地面,以防止地面水早期渗入桩顶,导致桩身强度降低。

(六)复合地基承载力特征值

　　石灰桩复合地基承载力特征值不宜超过 160 kPa,当土质较好并采取保证桩身强度的措施时,经过试验后可以适当提高。

　　石灰桩桩身强度与土的强度有密切关系。土强度高时,对桩的约束力大,生石灰膨胀时可增加桩身密度,提高桩身强度;反之当土的强度较低时,桩身强度也相应降低。石灰桩在软土中的桩身强度多为 0.3～1.0 MPa,强度较低,其复合地基承载力不宜超过 160 kPa,而多为 120～160 kPa。如土的强度较高,可减少生石灰用量,外加石膏或水泥等外加剂,提高桩身强度,复合地基承载力可以提高,同时应注意在强度高的土中,如生石灰用量过大,则会破坏土的结构,综合加固效果不好。

　　石灰桩复合地基承载力特征值应通过单桩或多桩复合地基载荷试验确定。初步设计时,也可按式(3-5)估算,式中 f_{pk} 为石灰桩桩身抗压强度比例界限值,由单桩竖向载荷试验测定,初步设计时可取 350～500 kPa,土质软弱时取低值(kPa);f_{sk} 为桩间土承载力特征值,取天然地基承载力特征值的 1.05～1.20 倍,土质软弱或置换率大时取高值(kPa);m 为面积置换率,桩面积按 1.1～1.2 倍成孔直径计算,土质软弱时宜取高值。

　　试验研究证明,当石灰桩复合地基荷载达到其承载力特征值时,具有以下特征:

　　(1)沿桩长范围内各点桩和土的相对位移很小(2 mm 以内),桩土变形协调。

(2)土的接触压力接近达到桩间土承载力特征值,即桩间土发挥度系数为1。

(3)桩顶接触压力达到桩体比例极限,桩顶出现塑性变形。

(4)桩土应力比趋于稳定,其值为2.5~5。

(5)桩土的接触压力可采用平均压力进行计算。

基于以上特征,按常规的面积比方法计算复合地基承载力是适宜的,在置换率计算中,桩径除考虑膨胀作用外,尚应考虑桩边2 cm左右厚的硬壳层,故计算桩径取成孔直径的1.1~1.2倍。

桩间土的承载力与置换率、生石灰掺量以及成孔方式等因素有关。试验检测表明,生石灰对桩周边厚$0.3d(d$为桩径)左右的环状土体显示了明显的加固效果,强度提高系数达1.4~1.6,圆环以外的土体加固效果不明显。

(七)地基变形

处理后地基变形应按现行的国家标准《建筑地基基础设计规范》(GB 50007—2002)有关规定进行计算。变形经验系数ψ_s可按地区沉降观测资料及经验确定。

石灰桩复合土层的压缩模量宜通过桩身及桩间土压缩试验确定,初步设计时可按下式估算:

$$E_{SP} = \alpha[1 + m(n - 1)]E_s \tag{3-52}$$

式中 E_{SP}——复合土层的压缩模量,MPa;

 α——系数,可取1.1~1.3,成孔对桩周土挤密效应好或置换率大时取高值;

 m——面积置换率;

 n——桩土应力比,可取3~4,长桩取大值;

 E_s——天然土的压缩模量,MPa。

石灰桩的掺合料为轻质的粉煤灰或炉渣,生石灰块的重度约10 kN/m³,石灰桩桩身饱和后重度为13 kN/m³,以轻质的石灰桩置换土,复合土层的自重减轻,特别是石灰桩复合地基的置换率较大,减载效应明显。复合土层自重减轻即减少了桩底下卧层软土的附加应力,以附加应力的减少值反推上部载荷减少的对应值是一个可观的数值。这种减载效应对减少软土变形增益很大。同时,考虑石灰的膨胀对桩底土的预压作用,石灰桩底下卧层的变形较常规计算减小,经过湖北、广东地区 40 余个工程沉降实测结果的对比(人工洛阳铲成孔、桩长 6 m 以内,条形基础简化为筏形基础计算),变形较常规计算有明显减小。由于各地情况不同,统计数量有限,应以当地经验为主。

式(3-52)为常规复合模量的计算公式,系数 α 为桩间土加固后压缩模量的提高系数。如前述石灰桩桩身强度与桩间土强度有对应关系,桩身压缩模量也随桩间土模量的不同而变化,鉴于这种对应性质,复合地基桩土应力比的变化范围缩小,经大量测试,桩土应力比的范围为 2 ~ 5,大多为 3 ~ 4。

石灰桩桩身压缩模量可用环刀取样,做室内压缩试验求得。

四、施工

施工前应做好场地排水设施,防止场地积水。对重要工程或缺少经验的地区,施工前应进行桩身材料配合比、成桩工艺及复合地基承载力试验。桩身材料配合比试验应在现场地基土中进行。石灰桩可就地取材,各地生石灰、掺合料及土质均有差异,在无经验的地区应进行材料配比试验。由于生石灰膨胀作用,其强度与侧限有关,因此配比试验宜在现场地基土中进行。

(一)施工方法

石灰桩施工可采用洛阳铲或机械成孔。机械成孔分为沉管和螺旋钻成孔。成桩时可采用人工夯实、机械夯实,沉管反插、螺旋反压等工艺。填料时必须分段压(夯)实,人工夯实时每段填料厚度不应大于 400 mm。管外投料或人工成孔填料时应采取措施减小地下水渗入孔内的速度,成孔后填料前应排除孔底积水。

管外投料或人工成孔时,孔内往往存水,此时应采用小型软轴水泵或潜水泵排干孔内水,方能向孔内投料。

在向孔内投料的过程中如孔内渗水严重,则影响夯实(压实)桩料的质量,此时应采取降水或增打围护桩隔水的措施。

(二)材料

进入场地的生石灰应有防水、防雨、防风、防火措施,宜做到随用随进。

石灰材料应选用新鲜生石灰块,有效氧化钙含量不宜低于70%,粒径不应大于70 mm,含粉量(即消石灰)不宜超过5%。生石灰块的膨胀率大于生石灰粉,同时生石灰粉易污染环境。为了使生石灰与掺合料反应充分,应将块状生石灰粉碎,其粒径以30~50 mm为佳,最大不宜超过70 mm。

掺合料应保持适当的含水量,使用粉煤灰或炉渣时含水量宜控制在30%左右。无经验时宜进行成桩工艺试验,确定密实度的施工控制指标。掺合料含水量过少则不易夯实,过大则在地下水位以下易引起冲孔。

石灰桩身密实度是质量控制的重要指标,由于周围土的约束力不同,配比也不同,桩身密实度的定量控制指标难以确定,桩身密实度的控制宜根据施工工艺的不同凭经验控制。无经验的地区应进行成桩工艺试验。成桩7~10 d后用轻便触探(N_{10})进行对比检测,选择适合的工艺。

(三)施工质量控制

(1)根据加固设计要求、土质条件、现场条件和机具供应情况,可选用振动成桩法(分管内填料成桩和管外填料成桩)、锤击成桩法、螺旋钻成桩法或洛阳铲成桩法等。

①振动成桩法和锤击成桩法。

采用振动管内填料成桩法时,为防止生石灰膨胀堵住桩管,应加压缩空气装置及空中加料装置;管外填料成桩应控制每次填料数量及沉管的深度。

采用锤击成桩法时,应根据锤击的能量控制分段的填料量和成桩长度。

桩顶上部空孔部分,应用 3∶7 灰土或素土填孔封顶。

②螺旋钻成桩法。

正转时将部分土带出地面,部分土挤入桩孔壁而成孔。根据成孔时电流大小和土质情况,检验场地情况与原勘察报告和设计要求是否相符。

钻杆达设计要求深度后,提钻检查成孔质量,清除钻杆上泥土。

把整根桩所需填料按比例分层堆在钻杆周围,再将钻杆沉入孔底,钻杆反转,叶片将填料边搅拌边压入孔底。钻杆被压密的填料逐渐顶起,钻尖升至离地面 1 ~ 1.5 m 或预定标高后停止填料,用 3∶7 灰土或素土封顶。

③洛阳铲成桩法。

洛阳铲成桩法适用于施工场地狭窄的地基加固工程。成桩直径可为 200 ~ 300 mm,每层回填料厚度不宜大于 300 mm,用杆状重锤分层夯实。

(2)施工过程中,应有专人监测成孔及回填料的质量,并做好施工记录。如发现地基土质与勘察资料不符,应查明情况采取有效措施后方可继续施工。

(3)当地基土含水量很高时,桩宜由外向内或沿地下水流方向施打,并宜采用间隔跳打施工。

(4)施工顺序宜由外围或两侧向中间进行,在软土中宜间隔成桩。

(5)桩位偏差不宜大于 $0.5d$(d 为桩径)。

(6)应建立完整的施工质量和施工安全管理制度,根据不同的施工工艺制定相应的技术保证措施。及时做好施工记录,监督成桩质量,进行施工阶段的质量检测等。

(7)石灰桩施工时应采取防止冲孔伤人的有效措施,确保施工人员的安全。

石灰桩施工中的冲孔现象应引起重视,其主要原因在于孔内进水或存水使生石灰与水迅速反应,其温度高达200~300 ℃,空气遇热膨胀,不易夯实,桩身孔隙大,孔隙内空气在高温下迅速膨胀,将上部夯实的桩料冲出孔口。应采取减少掺合料含水量,排干孔内积水或降水,加强夯实等措施,确保安全。

五、质量检测

(1)石灰桩施工检测宜在施工7~10 d后进行,竣工验收检测宜在施工28 d后进行。

石灰桩加固软土的机制分为物理加固和化学加固两个作用,物理作用(吸水、膨胀)的完成时间较短,一般情况下7 d以内即可完成。此时桩身的直径和密度已定型,在夯实力和生石灰膨胀力作用下,7~10 d桩身已具有一定的强度。而石灰桩的化学作用则速度缓慢,桩身强度的增长可延续3年甚至5年。考虑到施工的需要,目前将一个月龄期的强度视为桩身设计强度,7~10 d龄期的强度约为设计强度的60%。

龄期7~10 d时,石灰桩身内部仍维持较高的温度(30~50 ℃),采用静力触探检测时应考虑温度对探头精度的影响。

(2)施工检测可采用静力触探、动力触探或标准贯入试验。检测部位为桩中心及桩间土,每两点为一组。检测组数不少于总桩数的1%。

(3)石灰桩地基竣工验收时,承载力检验应采用复合地基载荷试验。

大量的检测结果证明,石灰桩复合地基在整个受力阶段都是受变形控制的,其$p \sim s$曲线呈缓变型。石灰桩复合地基中的桩土具有良好的协同工作特征,土的变形控制着复合地基的变形,所以石灰桩复合地基的允许变形宜与天然地基的标准相近。

在取得载荷试验与静力触探检测对比经验的条件下,也可采用静力触探估算复合地基承载力。关于桩体强度的确定,可取 $0.1p_s$ 为桩体比例极限,这是经过桩体取样在试验机上做抗压试验求得比例极限与原位静力触探 p_s 值对比的结果。但仅适用于掺合料为粉煤灰、炉渣的情况。

地下水以下的桩底存在动水压力,夯实也不如桩的中上部,因此其桩身强度较低。桩的顶部由于覆盖压力有限,桩体强度也有所降低,因此石灰桩的桩体强度沿桩长变化,中部最高,顶部及底部较差。

试验证明当底部桩身具有一定强度时,由于化学反应的结果,其后期强度可以提高,但当 $7 \sim 10$ d 比贯入阻力很小(p_s 值小于 1 MPa)时,其后期强度的提高有限。

(4)载荷试验数量宜为地基处理面积每 200 m^2 左右布置 1 个点,且每一单体工程不应少于 3 个点。

第十一节　灰土挤密桩法和土挤密桩法

灰土挤密桩或土挤密桩是利用沉管、冲击或爆扩等方法在地基中挤土成孔,然后向孔内夯填素土或灰土成桩。成桩时,通过成孔过程中的横向挤压作用,桩孔内的土被挤向周围,使桩间土得以挤密,然后将备好的素土(黏性土)或灰土分层填入桩孔内,并分层捣实至设计标高。用素土分层夯实的桩体,称为土挤密桩;用灰土分层夯实的桩体,称为灰土挤密桩。二者分别与挤密的桩间土组成复合地基,共同承受基础的上部载荷。

一、适用范围

灰土挤密桩法和土挤密桩法适用于处理地下水位以上的湿陷性黄土、素填土和杂填土等地基,可处理地基的深度为 5 ~ 15 m。当以消除地基土的湿陷性为主要目的时,宜选用土挤密桩法。当以提高地基土的承载力或增强其水稳性为主要目的时,宜选用灰土挤密桩法。当地基土的含水量大于 24% 、饱和度大于 65% 时,不宜选用灰土挤密桩法或土挤密桩法。

大量的试验研究资料和工程实践表明,灰土挤密桩和土挤密桩用于处理地下水位以上的湿陷性黄土、素填土、杂填土等地基,不论是消除土的湿陷性还是提高承载力都是有效的。但当土的含水量大于 24% 及其饱和度超过 65% 时,在成孔及拔管过程中,桩孔及其周围容易缩颈和隆起,挤密效果差,故上述方法不适用于处理地下水位以下及毛细饱和带的土层。

基底下 5 m 以内的湿陷性黄土、素填土、杂填土,通常采用土(或灰土)垫层或强夯等方法处理。大于 15 m 的土层,由于成孔设备限制,一般采用其他方法处理。

饱和度小于 60% 的湿陷性黄土,其承载力较高,湿陷性较强,处理地基常以消除湿陷性为主。而素填土、杂填土的湿陷性一般较小,但其压缩性高、承载力低,故处理地基常以降低压缩性、提高承载力为主。

灰土挤密桩和土挤密桩在消除土的湿陷性和减小渗透性方面,其效果基本相同或差别不明显,但土挤密桩地基的承载力和水稳性不及灰土挤密桩,选用上述方法时,应根据工程要求和处理地基的目的确定。

二、作用机制

灰土挤密桩或土挤密桩加固地基是一种人工复合地基,属于深层加密处理地基的一种方法,主要作用是提高地基承载力,降低地基压缩性。对湿陷性黄土则有部分或全部消除湿陷性的作用。灰土挤密桩或土挤密桩在成孔时,桩孔部位的土被侧向挤出,从而使桩周土得以加密。

灰土挤密桩是利用打桩机或振动器将钢套管打入地基土层并随之拔出,在土中形成桩孔,然后在桩孔中分层填入石灰土夯实而成灰土桩。与夯实、碾压等竖向加密方法不同,灰土挤密桩是对土体进行横向加密。施工中当套管打入地层时,管周地基土受到了较大的水平方向的挤压作用,使管周一定范围内的土体工程物理性质得到改善。成桩后石灰土与桩间土发生离子交换、凝硬反应等一系列物理化学反应,放出热量,体积膨胀,其密实度增加,压缩性降低,湿陷性全部或部分消除。

三、设计

(一)处理地基面积

灰土挤密桩地基的效果与处理宽度有关,当处理宽度不足时,基础仍可能产生明显下沉。灰土挤密桩和土挤密桩处理地基的面积,应大于基础或建筑物底层平面的面积,并应符合下列规定:

(1)当采用局部处理时,超出基础底面的宽度:对非自重湿陷性黄土、素填土和杂填土等地基,每边不应小于基底宽度的 0.25 倍,并不应小于 0.50 m;对自重湿陷性黄土地基,每边不应小于基底宽度的 0.75 倍,并不应小于 1.00 m。

局部处理地基的宽度超出基础底面边缘一定范围,主要在于改善应力扩散,增强地基的稳定性,防止基底下被处理的土层,在基础荷载作用下受水浸湿时产生侧向挤出,并使处理与未处理接触面的土体保持稳定。

局部处理超出基础边缘的范围较小,通常只考虑消除拟处理土层的湿陷性,而未考虑防渗隔水作用。但只要处理宽度不小于规定范围,不论是非自重湿陷性黄土还是自重湿陷性黄土,采用灰土挤密桩或土挤密桩处理后,对防止侧向挤出、减小湿陷变形的效果都很明显。整片处理的范围大,既可消除拟处理土层的湿陷性,又可防止水从侧向渗入未处理的下部土层引起湿陷,故整片处理兼有防渗隔水作用。

(2)当采用整片处理时,超出建筑物外墙基础底面外缘的宽度,每边不宜小于处理土层厚度的1/2,并不应小于2 m。

(二)处理地基深度

灰土挤密桩和土挤密桩处理地基的深度,应根据建筑场地的土质情况、工程要求和成孔及夯实设备等综合因素确定。对湿陷性黄土地基,应符合现行国家标准《湿陷性黄土地区建筑规范》(GB 50025—2004)的有关规定。

当以消除地基土的湿陷性为主要目的时,在非自重湿陷性黄土场地,宜将附加应力与土的饱和自重应力之和大于湿陷起始压力的全部土层进行处理,或处理至地基压缩层的下限;在自重湿陷性黄土场地,宜处理至非湿陷性黄土层顶面。

当以降低土的压缩性、提高地基承载力为主要目的时,宜对基底下压缩层范围内压缩系数 a_{1-2} 大于 0.40 MPa^{-1} 或压缩模量小于 6 MPa 的土层进行处理。

挤密桩深度主要取决于湿陷性黄土层的厚度、性质及成孔机械的性能,最小不得小于 3 m,因为深度过小使用不经济,对于非自重湿陷性黄土地基,其处理厚度应为主要持力层的厚度,即基础下土的湿陷起始压力小于附加压力和上覆土层的饱和自重压力之和的全部黄土层,或附加压力等于自重压力25%的深度处。

(三)桩径

桩孔布置的基本原则是尽量减少未得到挤密的土的面积。因此,桩孔应尽量按等边三角形排列,这样可使桩间得到均匀挤密,但有时为了适应基础几何形状的需要而减少桩数,也可是正方形。

桩孔直径主要取决于施工机械的能力和地基土层的原始密实度,桩径过小,桩数增多,增加了打桩和回填工作量;桩径过大,桩间土挤密效果差,均匀性也差,不能完全消除黄土地基的湿陷性,同时要求成孔机械的能量也太大,振动过程对周围建筑物的影响大,总之,选择桩径应对以上因素进行综合考虑。

桩孔直径宜为 300～450 mm,并可根据所选用的成孔设备或成孔方法确定。桩孔宜按等边三角形布置,桩孔之间的中心距离可为桩孔直径的 2.0～2.5 倍,也可按下式估算:

$$s = 0.95d \sqrt{\frac{\overline{\eta}_c \rho_{dmax}}{\overline{\eta}_c \rho_{dmax} - \overline{\rho}_d}} \tag{3-53}$$

式中　s——桩孔之间的中心距离,m;

　　　d——桩孔直径,m;

　　　ρ_{dmax}——桩间土的最大干密度,t/m^3;

　　　$\overline{\rho}_d$——地基处理前土的平均干密度,t/m^3;

　　　$\overline{\eta}_c$——桩间土经成孔挤密后的平均挤密系数,对重要工程不宜小于 0.93,对一般工程不应小于 0.90。

根据我国黄土地区的现有成孔设备,沉管(锤击、振动)成孔的桩孔直径多为 0.37～0.40 m。布置桩孔应考虑消除桩间土的湿陷性,桩间土的挤密以平均挤密系数 $\overline{\eta}_c$ 表示。

桩间土的平均挤密系数 $\overline{\eta}_c$ 应按下式计算:

$$\overline{\eta}_c = \frac{\overline{\rho}_{d1}}{\rho_{dmax}} \tag{3-54}$$

式中　$\overline{\rho}_{d1}$——在成孔挤密深度内,桩间土的平均干密度,t/m^3,平均试样数不应少于 6 组。

湿陷性黄土为天然结构,处理湿陷性黄土与处理扰动土有所不同,故检验桩间土的质量用平均挤密系数 $\overline{\eta}_c$ 控制,而不用压实系数控制。平均挤密系数是在成孔挤密深度内,通过取土样测定桩间土的平均干密度与其最大干密度的比值而获得,平均干密度的取样自桩顶向下 0.5 m 起,每 1 m 不应少于 2 点(1 组),即桩孔外 100 mm 处 1 点,桩孔之间的中心距(1/2 处)1 点。当桩长大于 6 m 时,全部深度内取样点不应少于 12 点(6 组);当桩长小于 6 m 时,全部深度内的取样点不应少于 10 点(5 组)。

灰土挤密桩地基的效果与桩距的大小关系密切,桩距大了,桩间土的挤密效果不好,湿陷性消除不了,承载能力也提高不多;桩距太小,桩数增加太多显得不经济,同时成孔时地面隆起,桩管打不下去,给施工造成困难。因此,必须合理地选择桩距。选择桩距应以桩间挤密土能达到设计的密实度为准。

(四)桩孔数量

桩孔数量可按下式估算:

$$n = \frac{A}{A_e} \tag{3-55}$$

$$A_e = \frac{\pi d_e^2}{4} \tag{3-56}$$

式中 n——桩孔的数量;

A——拟处理地基的面积,m^2;

A_e——一根土桩或灰土挤密桩所承担的处理地基面积,m^2;

d_e——一根桩分担的处理地基面积的等效圆直径,m,桩孔按等边三角形布置则 $d_e = 1.05s$,桩孔按正方形布置则 $d_e = 1.13s$。

(五)桩孔填料

桩孔内的填料应根据工程要求或处理地基的目的确定,桩体的夯实质量宜用平均压实系数 λ_c 控制。

当桩孔内用灰土或素土分层回填、分层夯实时,桩体内的平均压实系数 λ_c 值均不应小于 0.96;消石灰与土的体积配合比宜为 2:8 或 3:7。

当为消除黄土、素填土和杂填土的湿陷性而处理地基时,桩孔内用素土(黏性土、粉质黏土)做填料,可满足工程要求,当同时要求提高其承载力或水稳性时,桩孔内用灰土做填料较合适。

为防止填入桩孔内的灰土吸水后产生膨胀,不得使用生石灰与土拌和,而应用消解后的石灰与黄土或其他黏性土拌和。石灰富含钙离子,与土混合后产生离子交换作用,在较短时间内便成为凝硬性材料,因此拌和后的灰土放置时间不可太长,并宜于当日使用完毕。

(六)垫层

桩顶标高以上应设置300～500 mm厚的2:8灰土垫层,其压实系数不应小于0.95。

灰土挤密桩或土挤密桩回填夯实结束后,在桩顶标高以上设置300～500 mm厚的灰土垫层,一方面可使桩顶和桩间土找平,另一方面有利于改善应力扩散,调整桩土的应力比,并对减小桩身应力集中也有良好作用。

(七)复合地基承载力特征值

灰土挤密桩和土挤密桩复合地基承载力特征值应通过现场单桩或多桩复合地基载荷试验确定。初步设计当无试验资料时,可按当地经验确定,但对灰土挤密桩复合地基的承载力特征值,不宜大于处理前的2.0倍,并不宜大于250 kPa;对土挤密桩复合地基的承载力特征值,不宜大于处理前的1.4倍,并不宜大于180 kPa。

为确定灰土挤密桩或土挤密桩的桩数及其桩长(或处理深度),设计时往往需要了解采用灰土挤密桩或土挤密桩处理地基的承载力,而原位测试(包括载荷试验、静力触探、动力触探)结果比较可靠。用载荷试验可测定单桩和桩间土的承载力,也可测定单桩复合地基或多桩复合地基的承载力。当不用载荷试验时,桩间土的承载力可采用静力触探测定。桩体特别是灰土填孔的桩体,采用静力触探测定其承载力不一定可行,但可采用动力触探测定。

（八）地基变形

灰土挤密桩和土挤密桩复合地基的变形计算应符合现行国家标准《建筑地基基础设计规范》（GB 50007—2002）的有关规定，其中复合土层的压缩模量可采用载荷试验的变形模量代替。

灰土挤密桩或土挤密桩复合地基的变形包括桩和桩间土及其下卧未处理土层的变形。前者通过挤密后，桩间土的物理力学性质明显改善，即土的干密度增大、压缩性降低、承载力提高、湿陷性消除，故桩和桩间土（复合土层）的变形可不计算，但应计算下卧未处理土层的变形。

四、施工

对重要工程或在缺乏经验的地区，施工前应按设计要求，在现场进行试验，如土性基本相同，试验可在一处进行；如土性差异明显，应在不同地段分别进行试验。试验内容包括成孔、孔内夯实质量、桩间土的挤密情况、单桩和桩间土以及单桩或多桩复合地基的承载力等。

灰土挤密桩和土挤密桩是一种比较成熟的地基处理方法，自20世纪60年代以来，在陕西、甘肃等湿陷性黄土地区的工业与民用建筑的地基处理中已广泛使用，积累了一定的经验，对一般工程，施工前在现场不进行成孔挤密等试验，不致产生不良后果，并有利于加快地基处理的施工进度。但在缺乏建筑经验的地区和对不均匀沉降有严格限制的重要工程，施工前应按设计要求在现场进行试验，以检验地基处理方案和设计参数的合理性，对确保地基处理质量，查明其效果都很有必要。

（一）施工准备

1. 材料要求

（1）土料：可采用素黄土及塑性指数大于4的粉土，有机质含量小于5%，不得使用耕植土；土料应过筛，土块粒径不应大于15 mm。

(2)石灰:选用新鲜的块灰,使用前 7 d 消解并过筛,不得夹有未熟化的生石灰块粒及其他杂质,其颗粒粒径不应大于 5 mm,石灰质量不应低于Ⅲ级标准,活性 Ca + MgO 的含量不少于 50%。

(3)对选定的石灰和土进行原材料及土工试验,确定石灰土的最大干密度、最优含水量等技术参数。灰土桩的石灰剂量为12%(重量比),配制时确保充分拌和及颜色均匀一致,灰土的夯实最佳含水量宜控制在 21% ~ 26%,边拌和边加水,确保灰土的含水量为最优含水量。

2. 主要设备机具

1)成孔设备

0.6 t 或 1.2 t 柴油打桩机或自制锤击式打桩机,亦可采用冲击钻或洛阳铲。

2)夯实设备

夯实设备有卷扬机、提升式夯机或偏心轮夹杆式夯实机及梨形锤。

3)主要工具

主要工具有铁锹、量斗、水桶、胶管、喷壶、铁筛、手推胶轮车等。

3. 作业准备

(1)施工场地地面上所有障碍物和地下管线、电缆、旧基础等均全部拆除,场地表面平整。沉管振动对邻近结构物有影响时,需采取有效保护措施。

(2)施工场地进行平整,对桩机运行的松软场地进行预压处理,场地形成横坡,做好临时排水沟,保证排水畅通。

(3)轴线控制桩及水准点桩已经设置并编号。经复核,桩孔位置已经放线并钉标桩定位或撒石灰。

(4)已进行成孔、夯填工艺和挤密效果试验,确定有关施工工艺参数(分层填料厚度、夯击次数和夯实后的干密度、打桩次序),并对试桩进行了测试,承载力及挤密效果等符合设计要求。

4.作业人员

（1）主要作业人员：打桩工、焊工。

（2）施工机具应由专人负责使用和维护，大、中型机械特殊机具需执证上岗，操作者须经培训后方可操作。主要作业人员已经过安全培训，并接受了施工技术交底。

（二）施工工艺

灰土挤密桩施工工艺流程如下：基坑开挖→桩成孔→清底夯→桩孔夯填→夯实。

（1）桩成孔。

在成孔或拔管过程中，对桩孔（或桩顶）上部土层有一定的松动作用，因此施工前应根据选用的成孔设备和施工方法在场地预留一定厚度的松动土层，待成孔和桩孔回填夯实结束后将其挖除或按设计规定进行处理。应预留松动土层的厚度，对沉管（锤击、振动）成孔，宜为 0.5~0.7 m；对冲击成孔，宜为 1.2~1.5 m。

桩的成孔方法可根据现场机具条件选用沉管（振动、锤击）法、爆扩法、冲击法等。

①沉管法是用振动或锤击沉桩机将与桩孔同直径钢管打入土中拔管成孔。桩管顶设桩帽，下端做成锥形约呈 60°，桩尖可上下活动。本法简单易行，孔壁光滑平整，挤密效果良好，但处理深度受桩架限制，一般不超过 8 m。

沉管机就位后，使沉管尖对准桩位，调平扩桩机架，使桩管保持垂直，用线锤吊线检查桩管垂直度。在成孔过程中，如土质较硬且均匀，可一次性成孔达到设计深度，如中间夹有软弱层，反复几次才能达到设计深度。

②爆扩法是用钢钎打入土中形成 25~40 mm 孔或洛阳铲打成 60~80 mm 孔，然后在孔中装入条形炸药卷和 2~3 个雷管，爆扩成 15~18d 的孔（d 为桩孔或药卷直径）。本法成孔简单，但孔径不易控制。

③冲击法是使用简易冲击孔机将 0.6~3.2 t 重锥形锤头,提升 0.5~20 m 高后,落下反复冲击成孔,直径可达 50~60 cm,深度可达 15 m 以上,适于处理湿陷性较大深度的土层。

④对含水量较大的地基,桩管拔出后,会出现缩孔现象,造成桩孔深度或孔径不够。对深度不够的孔,可采取超深成孔的方式确保孔深。对孔径不够的孔,可采用洛阳铲扩孔,扩孔后及时夯填石灰土。

现在成孔方法有沉管(锤击、振动)或冲击成孔等方法,都有一定的局限性,在城乡建设和居民较集中的地区往往限制使用,如锤击沉管成孔,通常允许在新建场地使用,故选用上述方法时,应综合考虑设计要求、成孔设备或成孔方法、现场土质和对周围环境的影响等因素,选用沉管(振动、锤击)或冲击、爆扩等方法成孔。

(2)灰土拌和。

首先对土和消解后的石灰分别过筛,灰土桩石灰剂量为 12%(重量比)与土进行配料拌和,在拌料场拌和 3 遍运至孔位旁,夯填前再拌和一次,拌和好的灰土要及时夯填,不得隔日使用。每天施工前测定土和石灰的含水量,确保拌和后灰土的含水量接近最优含水量。

(3)夯填灰土。

①夯填前测量成孔深度、孔径、垂直度是否符合要求,并做好记录。

②先对孔底夯击 3~4 锤,再按照填夯试验确定的工艺参数连续施工,分层夯实至设计标高。

③桩孔应分层回填夯实,每次回填厚度为 250~400 mm;或采用电动卷扬机提升式夯实机,夯实时一般落锤高度不小于 2 m,每层夯实不少于 10 锤。施打时,逐层以量斗向孔内下料,逐层夯实,当采用偏心轮夹杆式连续夯实机时,将灰土用铁锹随夯击不断下料,每下二锹夯二击,均匀地向桩孔下料、夯实。桩顶应高出设计

标高不小于 0.5 cm,挖土时将高出部分铲除。

(4)灰土挤密桩施工完成后,应挖除桩顶松动层后开始施工灰土垫层。

(5)成孔和孔内回填夯实的施工顺序,习惯做法从外向里间隔 1~2 孔进行,但施工到中间部位,桩孔往往打不下去或桩孔周围地面明显隆起,为此有的修改设计,增大桩孔之间的中心距离,这样很麻烦。可以对整片处理,宜从里(或中间)向外间隔 1~2 孔进行。对大型工程可采取分段施工,对局部处理,宜从外向里间隔 1~2 孔进行。局部处理的范围小,且多为独立基础及条形基础,从外向里对桩间土的挤密有好处,也不致出现类似整片处理或桩孔打不下去的情况。成孔后应夯实孔底,夯实次数不少于 8 击,并立即夯填灰土。

(6)成孔时,地基土宜接近最优(或塑限)含水量,当土的含水量低于12%时,宜对拟处理范围内的土层进行增湿,增湿土的加水量可按下式估算:

$$Q = V\bar{\rho}_d(\omega_{op} - \bar{\omega})k \qquad (3\text{-}57)$$

式中　Q——计算加水量,m^3;

　　　V——拟加固土的总体积,m^3;

　　　$\bar{\rho}_d$——地基处理前土的平均干密度,t/m^3;

　　　ω_{op}——土的最优含水量(%),通过室内击实试验求得;

　　　$\bar{\omega}$——地基处理前土的平均含水量(%);

　　　k——损耗系数,可取 1.05~1.10。

应于地基处理前 4~6 d,将需增湿的水通过一定数量和一定深度的渗水孔,均匀地浸入拟处理范围内的土层中。

拟处理地基土的含水量对成孔施工与桩间土的挤密至关重要。工程实践表明,当天然土的含水量小于12%时,土呈坚硬状态,成孔挤密困难,且设备容易损坏;当天然土的含水量等于或大于24%,饱和度大于65%时,桩孔可能缩颈,桩孔周围的土容易隆

起,挤密效果差;当天然土的含水量接近最优(或塑限)含水量时,
成孔施工速度快,桩间土的挤密效果好。因此,在成孔过程中,应
掌握好拟处理地基土的含水量不要太大或太小,最优含水量是成
孔挤密施工的理想含水量,而现场土质往往并非恰好是最优含水
量,如只允许在最优含水量状态下进行成孔施工,小于最优含水量
的土便需要加水增湿,大于最优含水量的土则要采取晾干等措施,
这样施工很麻烦,而且不易掌握准确和加水均匀。因此,当拟处理
地基土的含水量低于12%时,宜按式(3-57)计算的加水量进行增
湿。对含水量介于12%～24%的土,只要成孔施工顺利,桩孔不
出现缩颈,桩间土的挤密效果符合设计要求,不一定要采取增湿或
晾干措施。

(7)当孔底出现饱和软弱土层时,可采取加大成孔间距,以防
由于振动而造成已打好的桩孔内挤塞;当孔底有地下水流入,可采
用井点降水后再回填填料或向桩孔内填入一定数量的干砖渣和石
灰,经夯实后再分层填入填料。

(三)试验桩

(1)要求灰土桩在大面积施工前,要进行试桩施工,以确定施
工技术参数。施工过程中要求监理人员全程旁站,灰土拌和、成
孔、孔间距及回填灰土都严格按照要求进行施工。

(2)夯击设备及技术参数。偏心轮夹杆式夯实机,夯锤重
100～150 kg,落距0.6～1 m,夯击40～50 次/min,同时严格控制
填料速度,10～20 cm 为一层,夯实到发出清脆回声为止,进行下
一层填料。

(四)施工注意事项

(1)沉管桩成孔应注意以下几点:

①钻机要求准确平稳,在施工过程中机架不应发生位移或倾斜。

②桩管上设置醒目牢固的尺度标志,沉管过程中注意桩管的
垂直度和贯入速度,发现反常现象及时分析原因并进行处理。

③桩管沉入设计深度后应及时拔出,不宜在土中搁置较长时间,以免摩阻力增大后拔管困难。

④拔管成孔后,由专人检查桩孔的质量,观测孔径、深度是否符合要求,如发现缩颈、回淤等情况,可用洛阳铲扩桩至设计值,当情况严重甚至无法成孔时在局部地段可采用桩管内灌入砂砾的方法成孔。

(2)夯击就位要保持平稳、沉管垂直,夯锤对准桩中心,确保夯锤能自由落入孔底。

(3)防止出现桩缩孔或塌孔,挤密效果差等现象。

①地基土的含水量在达到或接近最优含水量时,挤密效果最好。当含水量过大时,必须采用套管成孔。成孔后如发现桩孔缩颈比较严重,可在孔内填入干散砂土、生石灰块或砖渣,稍停一段时间后再将桩管沉入土中,重新成孔。如含水量过小,应预先浸湿加固范围的土层,使之达到或接近最优含水量。

②必须遵守成孔挤密的顺序,采用隔排跳打的方式成孔,应打一孔,填一孔,应防止受水浸湿且必须当天回填夯实。为避免夯打造成缩颈堵塞,可隔几个桩位跳打夯实。

(4)防止桩身回填夯击不密实,疏松、断裂。

①成孔深度应符合设计规定,桩孔填料前,应先夯击孔底3~4锤。根据试验测定的密实度要求,随填随夯,对持力层范围内(5~10倍桩径的深度范围)的夯实质量应严格控制。若锤击数不够,可适当增加击数。

②每个桩孔回填用料应与计算用量基本相符。

③夯锤重不宜小于100 kg,采用的锤型应有利于将边缘土夯实(如梨形锤和枣核形锤等),不宜采用平头夯锤。

(5)桩孔的直径与成孔设备或成孔方法有关,成孔设备或成孔方法如已选定,桩孔直径基本上固定不变,桩孔深度按设计规定,为防止施工出现偏差或不按设计图施工,在施工过程中应加强监督,采取随机抽样的方法进行检查,但抽查数量不可太多,每台班检查 1～2 孔即可,以免影响施工进度。

(6)施工过程中,应有专人监理成孔及回填夯实的质量,并应做好施工记录。如发现地基土质与勘察资料不符,应立即停止施工,待查明情况或采取有效措施处理后,方可继续施工。

施工记录是验收的原始依据。必须强调施工记录的真实性和准确性,且不得任意涂改。为此,应选择有一定业务素质的相关人员担任施工记录,这样才能确保做好施工记录。

(7)雨季或冬季施工,应采取防雨或防冻措施,防止灰土和土料受雨水淋湿或冻结。

土料和灰土受雨水淋湿或冻结,容易出现"橡皮土",且不易夯实。当雨季或冬季选择灰土挤密桩或土挤密桩处理地基时,应采取防雨或防冻措施,保护灰土或土料不受雨水淋湿或冻结,以确保施工质量。

五、质量检验

成桩后,应及时抽样检验灰土挤密桩或土挤密桩处理地基的质量。对一般工程,应主要检查施工记录、检测全部处理深度内桩体和桩间土的干密度,并将其分别换算为平均压实系数 λ_c 和平均挤密系数 η_c。对重要工程,除检测上述内容外,还应测定全部处理深度内桩间土的压缩性和湿陷性。

为确保灰土挤密桩或土挤密桩处理地基的质量,在施工过程中应采取抽样检验,检验数据和结论应准确、真实,具有说服力,对检验结果应进行综合分析或综合评价。

抽样检验的数量,对一般工程不应少于桩总数的 1%,对重要工程不应少于桩总数的 1.5%。

由于挖探井取土样对桩体和桩间土均有一定程度的扰动及破坏,因此选点应具有代表性,并保证检验数据的可靠性。取样结束后,其探井应分层回填夯实,压实系数不应小于0.93。

灰土挤密桩和土挤密桩地基竣工验收时,承载力检验应采用复合地基载荷试验。

检验数量不应少于桩总数的0.5%,且每项单体工程不应少于3点。

检验项目有主控项目和一般项目两种。

(1)主控项目。

灰土挤密桩的桩数、排列尺寸、孔径、深度、填料质量及配合比,必须符合设计要求或施工规范的规定。

(2)一般项目。

①施工前应对土及灰土的质量、桩孔放样位置等做检查。

②施工中应对桩孔直径、桩孔深度、夯击次数、填料的含水量等做检查。

③施工结束后,应检查成桩的质量及复合地基承载力。

④灰土挤密桩地基质量检验标准应符合表3-14的规定。

表3-14　灰土挤密桩施工质量检验标准

项目	序号	检查项目	允许偏差或允许值		检查方法
			单位	数值	
主控项目	1	桩长	mm	±50	测桩管长度或垂球测孔深
	2	地基承载力	设计要求		按规范方法
	3	桩体及桩间土干密度	设计要求		现场取样检查
	4	桩径	mm	−20	用钢尺量

续表 3-14

项目	序号	检查项目	允许偏差或允许值		检查方法
			单位	数值	
一般项目	1	土料有机质含量	%	< 5	实验室焙烧法
	2	石灰粒径	mm	< 5	筛分法
	3	桩位偏差	≤ 0.4d		用钢尺量
	4	垂直度	%	< 1.5	用经纬仪测桩管
	5	桩径	mm	− 20	用钢尺量

注:桩径允许偏差是指个别断面。

⑤特殊工艺关键控制措施应符合表 3-15 的规定。

表 3-15　特殊工艺关键控制措施

序号	关键控制点	控制措施
1	施工顺序	分段施工
2	灰土拌制	土料、石灰过筛、计量,拌制均匀
3	桩孔夯填	石灰桩应打一孔填一孔,若土质较差,夯填速度较慢,宜采用间隔打法,以免因振动、挤压,造成相邻桩孔出现颈缩或塌孔
4	管理	施工中应加强管理,进行认真的技术交底和检查;桩孔要防止漏钻或漏填;灰土要计量拌匀;干湿要适度,厚度和落锤高度、锤击数要按规定,以免桩出现漏填灰、夹层、松散等情况和造成严重质量事故

第四章　工程应用实例

第一节　濮阳市渠村引黄闸
改建工程——穿堤闸

濮阳市渠村引黄闸改建工程是废除原渠村引黄闸的补偿工程,其改建设计规模与原闸相同,设计引水流量 $100\ \mathrm{m^3/s}$,其中城市供水 $Q_{供}=10\ \mathrm{m^3/s}$,灌区引水 $Q_{供}=90\ \mathrm{m^3/s}$。

濮阳市渠村引黄闸改建工程主要建筑物包括防沙闸、三合村生产桥、天然文岩渠倒虹吸、渠村引黄穿堤闸(简称穿堤闸)、桑村干渠进水闸、牛寨进水闸、生产桥和输水干渠等。

穿堤闸是濮阳市渠村引黄闸改建工程穿越黄河大堤的一座重要建筑物,工程级别为 1 级,设计引水流量 $100\ \mathrm{m^3/s}$。

穿堤闸位于濮阳县境内,紧邻天然文岩渠,闸址相应黄河左岸大堤桩号 $47+120$。穿堤闸前为濮阳市渠村引黄闸改建工程穿天然文岩渠倒虹吸出口,倒虹吸出口和穿堤闸之间用渠道连接。穿堤闸涵洞出口接灌溉渠道和供水渠道。

穿堤闸为一联 6 孔钢筋混凝土箱涵式水闸,左侧 5 孔为灌溉闸,每孔净宽 3.9 m;右侧边孔为供水闸,净宽 2.5 m,孔口净高度均为 3.0 m。

一、工程地质条件

(一)地形地貌
工程区地处黄河下游冲积平原区,地貌类型为冲积扇平原。

以黄河大堤为界,堤内为黄河近现代冲积形成的河漫滩地貌单元,滩内低洼处多有苇塘分布,地势高处已开垦为农田。堤外为宽广的冲积平原地貌单元,地势向北、向东微倾。黄河大堤临河一侧的滩区地面高程为 61.00～62.50 m;背河一侧的地面高程为 58.00～59.00 m,滩区地面高程高于背河地面高程 3～4 m。

(二)地层岩性

穿堤闸址处地层岩性主要为壤土、砂壤土、黏土、粉质黏土和粉砂;堤身为人工填筑土,岩性以壤土、砂壤土为主,含黏土团块。根据岩性和物理力学特征可分为 8 层,详述如下:

第①层(Q_4^{ml})。填土:黄色,可塑—硬塑,主要以砂壤土、壤土为主,局部夹黏土团块,土质不均,含植物根系。堤身最大厚度为 10.50 m。层底高程为 58.40～59.40 m,平均层底高程为 58.91 m。ZK03、ZK04 处该层为人工淤填土,以黄色稍密状砂壤土为主。

第②层(Q_4^{al})。壤土:黄色或浅灰色,软塑—可塑,以中粉质壤土为主,局部为黄褐色硬塑粉质黏土。层厚为 1.00～2.40 m,平均厚 1.63 m。层底高程为 56.70～58.10 m,平均层底高程为 57.29 m。

第③层(Q_4^{al})。粉质黏土:黄灰色,软塑—可塑,夹黄褐色硬塑黏土薄层。层厚 1.40～1.70 m,平均厚 1.57 m。层底高程为 55.70～56.50 m,平均层底高程为 56.08 m。大堤背河侧该层缺失。

第④层(Q_4^{al})。砂壤土:黄色,可塑—硬塑,局部呈轻粉质壤土,有层理。层厚 1.70～3.20 m,平均厚 2.16 m。层底高程为 53.30～55.00 m,平均层底高程为 54.23 m。

第⑤层(Q_4^{al})。黏土:浅灰色,软塑,局部夹重粉质壤土和砂壤土薄层,含少量腐殖质。层厚 2.20～4.40 m,平均厚 3.06 m。层底高程为 49.50～52.10 m,平均层底高程为 51.17 m。

第⑥层(Q_4^{al})。壤土:以轻粉质壤土为主,黄色—黄灰色,可塑—硬塑,有层理,夹重粉质砂壤土和黏土薄层,偶含姜石。层厚为4.30~6.10 m,平均厚5.13 m。层底高程为43.70~47.80 m,平均层底高程为46.04 m。

第⑦层(Q_3^{al})。粉质黏土:杂色,以黄色和青灰色为主,具黄褐斑,可塑—硬塑,局部夹重粉质壤土,可见白色蜗牛壳碎片和碎小姜石。部分钻孔未揭穿该层。

第⑦-1层(Q_3^{al})。砂壤土:黄色,稍密—中密,很湿—饱和,夹壤土薄层。层厚1.10~1.30 m,平均厚1.20 m。层底高程为40.10~40.40 m,平均层底高程为40.25 m。

第⑧层(Q_3^{al})。粉砂:黄色,密实,饱和,土质较均匀。钻探未揭穿层底。

(三)水文地质

勘察区位于黄河冲积平原上,紧邻黄河主河道,含水层岩性主要为极细砂、砂壤土,地下水类型属孔隙型潜水,主要接受黄河水和天然文岩渠水的补给,以侧向径流排泄和蒸发排泄为主。地下水位受黄河水位和天然文岩渠水位的控制。

(四)地震

根据《中国地震动参数区划图》(GB 18306—2001)的划分,工程区基本地震加速度值为0.15g,地震动反应谱特征周期为0.35 s,相应基本烈度为7度。

(五)工程地质特性

1.各土层的压缩特性评价

勘探深度范围内,岩性以壤土、粉质黏土和砂壤土等黏性土为主,一般为中、低压缩性土,其压缩特性评价见表4-1。

表 4-1　地基土压缩特性评价

地层编号	岩土名称	压缩系数（MPa^{-1}）		压缩等级
		范围值	大值平均值	
②	壤土	0.150~0.335	0.291	中
③	粉质黏土	0.191~0.500	0.452	中
④	砂壤土	0.054~0.116	0.100	低
⑤	黏土	0.104~1.061	0.764	高
⑥	壤土	0.103~0.227	0.185	中
⑦	粉质黏土	0.111~0.532	0.410	中
⑧	粉砂	0.075	0.075	低

2.地基土承载力的确定

根据土的物理力学指标和标贯试验击数,综合确定各土层的承载力特征值,见表 4-2。

表 4-2　各土层承载力特征值

地层编号	岩土名称	承载力特征值 f_{ak}（kPa）
③	粉质黏土	85
④	砂壤土	100
⑤	黏土	90
⑥	壤土	120
⑦	粉质黏土	160
⑧	粉砂	220

3.地震液化判别

工程区地震动峰值加速度为 0.15g,相应基本烈度为 7 度。

按《水利水电工程地质勘察规范》(GB 50487—2008)的规定,对埋深 15 m 范围内的饱和砂性土的地震液化判别采用初判和复判两种方法进行。

根据标准贯入试验资料,对深度 15 m 范围内的满足 $\rho_c < 16\%$(ρ_c 为黏粒含量百分率)的试验点逐个进行地震液化复判,判别结果见表 4-3。

表 4-3　土层地震液化评价

层号	岩性	试验点数	液化点所占百分数(%)	结论
②	壤土	9	55.6	液化
③	粉质黏土	4	0	不液化
④	砂壤土	7	57.1	液化
⑤	黏土	6	0	不液化
⑥	壤土	8	50	液化
⑦	粉质黏土	3	0	不液化

4.渗透稳定性分析

根据《水利水电工程地质勘察规范》(GB 50487—2008)提供的判别标准判别,穿堤闸地基主要土层的渗透破坏形式为流土。计算结果(取安全系数 $K = 2$)见表 4-4。

表 4-4　各土层水力比降计算结果

地层编号	岩土名称	比重	孔隙率(%)	临界水力比降	允许比降
②	壤土	2.72	0.44	0.96	0.48
③	粉质黏土	2.72	0.49	0.88	0.44
④	砂壤土	2.69	0.42	0.99	0.49

二、水泥土搅拌桩设计

穿堤闸底板底面高程位于第④层砂壤土,该层土天然地基承载力为 100 kPa,偏低,其下第⑥层壤土属可液化土层,且第⑤层为高压缩性的黏土。

经过分析计算,闸底板最大基底压力为 204.99 kPa,而持力层天然地基承载力远不能满足承载力要求。

因此,需要采取地基处理措施以提高地基承载力、增加基础稳定性、减少沉降变形和减轻液化现象。

经分析比较,穿堤闸地基处理方法采用水泥土搅拌法,水泥土搅拌桩采用梅花等边三角形布置,桩穿透软弱土层伸至承载力相对较高的土层,根据闸基地质情况桩长取为 8 m,桩径 0.6 m,桩距为 1.0 m。

水泥土搅拌桩复合地基承载力特征值按下式估算:

$$f_{spk} = mR_a/A_p + \beta(1 - m)f_{sk}$$

式中　f_{spk}——复合地基承载力特征值,kPa;

　　　f_{sk}——桩间土承载力特征值,kPa,可取天然地基承载力特征值;

　　　R_a——桩竖向承载力特征值,kN;

　　　A_p——桩的截面面积,m^2;

　　　m——面积置换率;

　　　β——桩间土承载力折减系数,取 0.75。

经计算,$f_{spk} = 262$ kPa > 204.99 kPa(基底最大压应力),可满足设计要求。

在基础和水泥土搅拌桩顶之间设置褥垫层,厚度取为 300 mm,其材料可选用中砂、粗砂、级配砂石等,最大粒径不宜大于 20 mm。

三、水泥土搅拌桩复合地基检测结果

2006年1月18~21日,黄河勘测规划设计有限公司物探院对濮阳市渠村引黄闸改建工程——穿堤闸闸室段水泥土搅拌桩复合地基进行了载荷试验检测(见图4-1),采用 RS-JYB 桩基静载荷测试分析系统,共进行了3组静载荷试验,试验复合地基承载力特征值为271.5 kPa,均达到了设计要求。检测成果详见表4-5。

表4-5 濮阳市渠村引黄闸改建工程——穿堤闸闸室段静载荷试验成果

中心桩号	桩径(m)	桩长(m)	最大加荷量(kN)	最大沉降量(mm)	复合地基承载力特征值(kPa)	说明
A5-14	0.6	8.0	440	13.05	271.5	
A10-18	0.6	8.0	440	9.23	271.5	
A9-6	0.6	8.0	440	15.45	271.5	

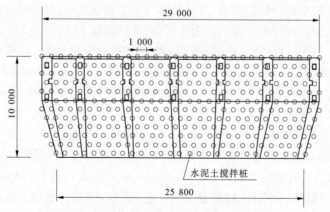

图4-1 濮阳市渠村引黄闸改建工程——穿堤闸
水泥土搅拌桩平面布置图 (单位:mm)

第二节　武陟引黄供水水源工程
——提水泵站

　　武陟引黄供水水源工程位于武陟县黄河滩区驾部控导工程处,由引水闸、输水干渠、过路涵、沉沙池、提水泵站和倒虹吸6部分组成。提水泵站是其中的重要组成部分,其设计引水流量为10 m^3/s,水工建筑物等级为Ⅲ级。

一、工程地质条件

(一)地形地貌

　　武陟引黄供水水源工程——提水泵站场地位于武陟县驾部村驾部控导工程背河滩地,北临漭河堤。地貌单元为黄河冲积平原,场地地形平坦,地面高程为100 m左右。

(二)地层岩性

　　根据地质钻探资料,并结合室内土工试验成果,将场地揭露深度范围内地层由上至下分为5层,岩性描述如下:

　　第①层(Q_4^{al})。粉砂:黄色,稍密,稍湿,土质均匀,有层理现象,表层0.3 m厚的耕土为粉质黏土。平均标贯击数为14.7击。层厚3.3~3.5 m,平均厚3.43 m;层底高程为96.76~96.84 m,平均高程为96.80 m。

　　第②层(Q_4^{al})。细砂:黄色,稍密,饱和,土质均匀,成分以石英、长石为主。平均标贯击数为12.5击。层厚2.3~2.7 m,平均厚2.57 m;层底高程为94.06~94.54 m,平均高程为94.23 m。

　　第③层(Q_4^{al})。粉质黏土:灰色—黄色,可塑—硬塑。夹黏土薄层,含小粒姜石。层厚7.9~9.0 m,平均厚8.47 m;层底高程为85.54~86.20 m,平均高程为85.77 m。

　　第④层(Q_4^{al})。粉砂:黄色,密实,饱和。局部夹粉土薄层。平均标贯击数为 32.5 击。层厚 1.8~2.8 m,平均厚 2.27 m;层底高程为 83.34~83.76 m,平均高程为 83.50 m。

第⑤层(Q_4^{al})。细砂:黄色,密实,饱和。局部夹中砂薄层,成分以石英、长石为主。平均标贯击数为 58.4 击。最大揭示厚度为 6.95 m。

(三)地下水

场地地下水类型为孔隙型潜水,由黄河水及济河水侧向补给,排泄以径流和蒸发为主。勘察期间测得地下水位高程为 3.5 m。

(四)工程地质特性

1. 各土层标准贯入试验成果统计

根据现场标准贯入试验成果,以各土层为统计单元,按《岩土工程勘察规范》(GB 50021—2001)提供的统计方法,对标准贯入试验成果进行统计,结果见表4-6。

表4-6　标准贯入试验成果统计

地层编号	试验次数	最大值(击)	最小值(击)	平均值(击)
①	4	16	14	15
②	2	14	11	12.5
④	2	35	30	32.5
⑤	8	75	43	59

2. 场地稳定性和适宜性评价

在场地内及其附近不存在对工程安全有影响的诸如岩溶、滑坡、崩塌、地陷、采空区、地面沉降、地裂等不良地质作用,也不存在影响地基稳定性的古河道、沟浜、墓穴、防空洞、孤石及其他人工地下设施等不良地质现象,场地内也无活动断层通过,场地稳定性好,较适宜建筑。

3. 场地和地基的地震效应

1) 场地类别

根据《建筑抗震设计规范》(GB 50011—2010)表4.1.3和第4.1.6条的规定及地区经验综合判定,本场地土属中软场地土,覆盖层厚度大于50 m,建筑场地类别属Ⅲ类。

2) 抗震设防烈度

武陟县设计抗震分组为第一组,抗震设防烈度为7度,设计基本地震加速度值为0.15g,地震动反应谱特征周期为0.35 s。

3) 地震液化判别

勘探期间地下水位高程3.5 m,由于场地位于黄河滩地,地下水位按0 m考虑,依照《建筑抗震设计规范》(GB 50011—2010)第4.3条,对场地高程20.0 m以上的饱和砂土和粉土应进行液化判别。

经初判,高程20.0 m以上的第①、②、④、⑤层饱和粉砂和细砂存在液化的可能性,需进一步判别,判别结果见表4-7。

表4-7　液化判别结果

孔号	层号	标贯点高程(m)	黏粒含量(%)	标准贯入锤击数 $N_{63.5}$(击)	标准贯入锤击数临界值 N_{cr}(击)	液化判别	液化指数 I_{lEi}	液化等级
ZK1	①	2.3	3	9.04	14	不液化	0	
	②	4.3	3	10.64	14	不液化		
	⑤	17.3	3	19.2	43	不液化		
ZK2	①	1.3	3	8.24	14	不液化	1.02	轻微液化
	①	3.3	3	9.84	16	不液化		
	②	5.3	3	11.44	11	液化		
	④	14.9	9.6	10.69	35	不液化		
	⑤	17.3	3	19.2	57.7	不液化		
ZK3	⑤	18.3	3	19.2	75	不液化	0	

由表4-7可以看出,第②层粉砂存在液化的可能性。综合判定本场地为轻微液化场地。

本场地为对建筑抗震不利地段。但第②层层底高程约为94.23 m,设计底板高程为89.80 m,因此可不考虑地震液化的影响。

4. 各层土的压缩性评价

根据室内土工试验和标准贯入试验成果,综合分析给定场地土压缩模量,确定场地内各层土的压缩特性,见表4-8。

表4-8　压缩性评价结果

层号	压缩模量 $E_{s0.1-0.2}$(MPa)	压缩性评价
①	12	中
②	11	中
③	6	中
④	20	低

5. 地基土承载力的确定

依据各土层物理、力学指标和现场原位测试成果及邻近场地建筑经验,经综合分析后提出各土层的承载力特征值。各土层承载力特征值(f_{ak})见表4-9。

表4-9　承载力特征值

层号	①	②	③	④	⑤
承载力特征值 f_{ak}(kPa)	140	130	125	220	280

二、水泥土搅拌桩设计

泵房地基持力层范围内分布土层均为近现代沉积物,承载力低,地基基础应满足抗浮、抗滑稳定性、承载力等要求。

泵房基础底板长度为42 m,宽度为14 m,中间设置一道沉降缝。根据底板设计高程,需开挖至第三层粉质黏土层,其天然地基承载力为 125 kPa,设计最大基底压应力为 190 kPa,故天然地基不能满足基底压力的要求,需要进行地基处理,并防止地基的不均匀沉陷。

该地基处理采用水泥土搅拌桩,布置形式为梅花等边三角形,桩宜穿透软弱土层伸至承载力相对较高的土层,桩长取为 6 m,桩径取最小桩径 0.5 m,桩距为 1.0 m。

水泥土搅拌桩复合地基承载力特征值按下式估算:

$$f_{spk} = mR_a/A_p + \beta(1 - m)f_{sk}$$

式中符号意义同前。

经计算,f_{spk} = 206 kPa > 190 kPa(基底最大压应力),可满足设计要求。

在基础和水泥土搅拌桩之间设置褥垫层,厚度取为 300 mm,其材料可选用中砂、粗砂、级配砂石等,最大粒径不宜大于 20 mm。

武陟县引黄供水水源工程——提水泵站水泥土搅拌桩平面布置图见图 4-2。

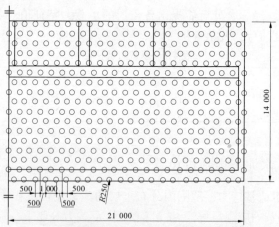

图 4-2 武陟县引黄供水水源工程——提水泵站
水泥土搅拌桩平面布置图 （单位:mm）

第三节　郑州桃花峪引黄闸

郑州市邙山输水干渠水源沉沙池建在黄河下游铁谢至京广铁路桥河段末端,南岸邙山西仓沟前滩地上,沉沙池长 1 500 m,进水口距桃花峪 800 m,距京广铁路桥 1 800 m。邙山输水干渠在水源沉沙池建成的 8 年中,每年向郑州市供水 1.2 亿~1.5 亿 m³,占全市总用水量的 57% 以上,是城市的生命线。

随着桃花峪河道整治工程的下延完善,目前的沉沙池进水闸将被封堵而失去作用。为了保证邙山沉沙池正常运用引水,现需在桃花峪工程 30~31 号坝间新建一座引黄闸,河南黄河河务局供水局拟在邙山输水干渠水源沉沙池上游 800 m 处修建新的桃花峪引黄闸。

郑州桃花峪引黄闸位于郑州桃花峪控导工程(共 39 道坝)下延 30~31 号坝连坝上。该闸设计流量为 16 m³/s,为 2 孔涵洞式水闸,闸底板顶面设计高程为 90.47 m。

一、工程地质条件

(一)地形地貌

该涵闸位于郑州桃花峪控导工程下延 30~31 号坝的连坝上,目前下延工程正在修建,现状坝顶高程为 96.50~97.00 m,设计高程为 98.07 m,临河为黄河主河槽,背河滩区宽 80~200 m,之外为邙岭。

(二)地层岩性

在勘探深度范围内,坝身土为粉质壤土组成的人工填土(Q_4^{ml}),其下伏土层主要为第四系全新统(Q_4^{al})河流冲积形成的松散—稍密状细砂,17 m 以下为第四系上更新统(Q_3^{al})硬塑状灰黄色粉质壤土。

依据野外鉴别及室内土工试验指标,勘探所揭露地层由上至下可分为6层,闸基以上和闸基以下分别详述如下。

1. 闸基以上土层

第①层。人工填土:黄色或灰黄色,稍密—中密,稍湿—很湿,属坝身填土,主要由粉质壤土组成,含黏土团块,偶含姜石,土质不均,厚度变化较大,层厚1.5~2.7 m,平均厚度为2.0 m。层底高程为91.80~95.21 m,平均层底高程为94.28 m。

第②层。砂壤土:灰色,松散—稍密,饱和。含植物草根,含少量黏土团块。层厚1.80~3.60 m,平均厚度为2.58 m。层底高程为91.90~93.19 m,平均层底高程为92.54 m。

2. 闸基以下土层

第③层。细砂:灰色,稍密,饱和。矿物成分以石英、长石为主,含少量云母碎片,偶见螺壳碎片,含少量黏土团块。层厚3.50~5.30 m,平均厚度为4.58 m。层底高程为85.50~88.40 m,平均层底高程为87.45 m。

第④层。细砂:灰色,松散—稍密,饱和。矿物成分以石英、长石为主,含云母碎片,偶见螺壳碎片,含黏土团块。层厚0.80~1.90 m,平均厚度为1.38 m。层底高程为83.70~87.00 m,平均层底高程为86.06 m。

第⑤层。细砂:灰色,稍密—中密,饱和。局部为中砂。矿物成分以石英、长石为主,含云母碎片,偶见螺壳碎片,含黏土团块。层厚5.90~8.40 m,平均厚度为7.02 m。层底高程为75.30~80.48 m,平均层底高程为79.05 m。

第⑥层。粉质壤土:黄灰色,硬塑。含姜石,粒径为2.0~10.0 cm,含量为10%~30%。钻孔均未揭穿该层层底,最大揭示厚度为6.80 m。

(三)地下水

工程区临黄河主河道,地下水类型为孔隙型潜水,含水层岩性以细砂为主,主要接受黄河水的侧渗补给,向下游径流排泄。勘察期间地下水位高程约为 94.00 m,与当时河水位高程一致。

(四)地震

根据《中国地震动参数区划图》(GB 18306—2001)的划分,本区属设计地震分组第一组,设计基本地震加速度值为 $0.15g$,地震动反应谱特征周期为 0.35 s,相应抗震设防烈度为 7 度。

(五)工程地质特性

1. 各土层静力触探试验成果统计

根据《静力触探技术标准》(CECS 04:88)附录三规定,对本场地 3 个静探孔的原位测试结果分孔分层计算锥头阻力和侧壁摩阻力,然后进行平均。P_s 值采用如下经验公式计算:黏性土,$P_s = 1.227q_c - 0.0613$;粉质壤土,$P_s = q_c + 6.4f_s$;粉细砂,$P_s = 1.093q_c + 0.365$。计算结果见表 4-10。

表 4-10　静力触探指标统计结果

层号		①	②	③	④	⑤	⑥
锥头阻力 q_c (MPa)	样本数	3	2	3	3	3	2
	最大值	1.95	3.33	4.26	2.98	5.72	4.23
	最小值	0.72	2.31	3.59	2.31	4.51	2.93
	平均值	1.35	2.82	3.88	2.60	5.24	3.58
	小均值	1.04	2.57	3.74	2.45	4.88	3.26
侧壁摩阻力 f_s (kPa)	样本数	3	2	3	3	3	2
	最大值	53.44	38.52	50.34	35.96	58.56	85.27
	最小值	17.24	35.01	36.15	21.63	41.44	39.49
	平均值	33.33	36.77	41.07	28.75	51.74	62.38
	小均值	25.29	35.89	38.61	25.19	46.59	50.94
P_s 值(MPa)		1.21	3.17	4.45	3.05	5.70	3.93

2. 各层土的压缩系数及压缩特性评价

根据室内试验结果、标准贯入试验、静力触探试验,综合分析确定场地内各层土的压缩模量,其结果见表 4-11。

表 4-11　各层土的压缩模量

层号	压缩模量	压缩等级	层号	压缩模量	压缩等级
①	6.0	中压缩性	④	9.5	中压缩性
②	5.2	中压缩性	⑤	13.5	中压缩性
③	9.5	中压缩性	⑥	8.5	中压缩性

3. 闸基土的承载力

依据各土层物理、力学指标和现场原位测试成果,经综合分析后提出闸基各土层的承载力特征值 f_{ak}(见表 4-12)。

表 4-12　承载力特征值

层号	土层名称	承载力特征值 f_{ak}(kPa)	层号	土层名称	承载力特征值 f_{ak}(kPa)
③	细砂	100	⑤	细砂	150
④	细砂	100	⑥	粉质壤土	220

4. 各土层的渗透系数及渗透性评价

根据室内试验结果和以往勘察经验综合确定场地内各土层的渗透系数及渗透等级,其结果见表 4-13。

表 4-13　各土层的渗透系数及渗透等级

层号	土层名称	渗透系数(cm/s)	渗透等级
②	砂壤土	2.72×10^{-4}	中等透水
③	细砂	5.95×10^{-4}	中等透水
④	细砂	6.00×10^{-4}	中等透水
⑤	细砂	1.67×10^{-3}	中等透水
⑥	粉质壤土	1.82×10^{-6}	微透水

5. 地震液化判别

各土层地震液化评价结果见表4-14。

表4-14 各土层地震液化评价结果

层号	岩性	试验点数	液化点所占百分数（%）	结论
②	砂壤土	6	33.3	轻微液化
③	细砂	7	0	不液化
④	细砂	3	66.7	液化
⑤	细砂	5	0	不液化

由判别结果可知：在7度地震条件下，位于深度15 m以上的第②层砂壤土和第④层细砂属可液化土层，综合判断本场地属轻微液化场地。

6. 渗透稳定性分析

根据《水利水电工程地质勘察规范》（GB 50487—2008）提供的判别标准，涵闸地基主要土层的渗透破坏形式为流土。土的临界水力比降见表4-15。

表4-15 土的临界水力比降

地层编号	岩土名称	比重	孔隙率（%）	临界水力比降	允许比降
②	砂壤土	2.69	45.1	0.93	0.46
③	细砂	2.67	42.9	0.95	0.47

二、CFG桩设计

该闸址地基主要持力层范围内土层均为新近沉积的细砂层，呈稍密状，承载力特征值为100 kPa，而计算上部荷载传至闸底板最大压力为 138 kPa,其天然地基承载力不能满足工程要求。再者,闸前两侧有填土区段,填土厚度最大为 7 m,且设置有浆砌石挡土墙,自重较大,产生较大的地基反力。从提高天然地基承载力的角度来看,有必要进行地基处理。

另外,在 7 度地震条件下,位于深度 15 m 以上的第②层砂壤土和第④层细砂属可液化土层,综合判断本场地属轻微液化场地,进行地基处理可消除地震液化的影响。

本工程区邻近黄河主河道,水流条件经常变化,综合考虑施工条件、施工质量等因素,为了确保工程的安全可靠性,也是有必要进行地基处理的。

根据本次工程地质勘察成果,闸址地基主要持力层范围内土层均为新近沉积的细砂层,且工程区紧临黄河主河道,地下水类型为孔隙型潜水,因此水泥土搅拌法不适用于本工程。

根据本工程地质条件和上部结构要求,考虑采用 CFG 桩复合地基基础。

(一)闸底板区段

1. 桩长拟定

CFG 桩应选择承载力相对较高的土层作为桩端持力层,根据闸基土层情况,可选择第⑥层粉质壤土作为桩端持力层,嵌入长度定为 1.0 m,桩底高程为 76.67 m。因为桩顶高程为 89.07 ~ 89.97 m,因此桩长拟定为 12.40 m。

2. 桩径

CFG 桩桩径宜取 350 ~ 600 mm。根据施工技术条件,该工程场地地基加固采用 $d = 500$ mm。

3. 单桩竖向承载力特征值

单桩竖向承载力特征值按下式计算:

$$R_a = u_p \sum_{i=1}^{n} q_{si} l_i + q_p A_p$$

式中　R_a——单桩竖向承载力特征值,kN;

　　　u_p——桩的周长,m,$u_p = 3.14 \times 0.5 = 1.57(m)$;

　　　q_{si}——桩周第 i 层土桩的侧阻力特征值,kPa,根据"工程地质勘察报告"(简称"地质报告"),$q_{s1} = 20$ kPa,$q_{s2} = 18$ kPa,$q_{s3} = 25$ kPa,$q_{s4} = 33$ kPa;

　　　l_i——第 i 层土的厚度,m,$l_1 = 1.6$ m,$l_2 = 1.9$ m,$l_3 = 7.9$ m,$l_4 = 1.0$ m;

　　　q_p——桩端地基土的阻力特征值,kPa,根据"地质报告",$q_p = 500$ kPa;

　　　A_p——桩的截面面积,m^2,$A_p = 3.14 \times 0.25^2 = 0.196(m^2)$。

经计算,$R_a = 505.02$ kN。

4. CFG 桩复合地基承载力特征值

CFG 桩复合地基承载力特征值按下式计算:

$$f_{spk} = mR_a/A_p + \beta(1 - m)f_{sk}$$

式中符号意义同前。

推导面积置换率如下式:

$$m = (f_{spk} - \beta f_{sk})/(R_a/A_p - \beta f_{sk}) \tag{4-1}$$

根据计算结果取 $f_{spk} = 138$ kPa,代入上式得:

$m = (138 - 0.75 \times 100)/(505.02/0.196 - 0.75 \times 100)$

$= 0.025$

单桩承担的处理面积 A_e 为:

$$A_e = A_p/m$$

计算得:

$$A_e = A_p/m = 0.196/0.025 = 7.84(m^2) \tag{4-2}$$

等边三角形布置时,布桩间距 s 为:

$$s < 1.05A_e^{1/2}$$

计算得:

$$s < 1.05 A_e^{1/2} = 1.05 \times 7.84^{1/2} = 2.94(m) \tag{4-3}$$

即可满足设计要求。

本工程 CFG 桩只在基础范围内布置,平面按梅花等边三角形布置,桩距 s 取 2.2 m。

$$f_{spk} = 0.047 \times 505.02 \div 0.196 + 0.75 \times (1 - 0.047) \times 100$$
$$= 192.6(kPa)$$

5. 桩体试块抗压强度平均值

桩体试块抗压强度平均值应满足下式要求:

$$f_{cu} \geqslant 3R_a/A_p$$

式中　f_{cu}——桩体混合料试块标准养护 28 d 立方体抗压强度平均值,kPa。

$$f_{cu} \geqslant 3 \times 505.02 \div 0.196 = 7.7(MPa)$$

6. 褥垫层厚度

桩顶和基础之间应设置褥垫层,褥垫层厚度宜取 150 ~ 300 mm,当桩径大或桩距大时,褥垫层厚度宜取高值,本次设计褥垫层厚度取 300 mm。

(二)填土区段

根据该区段地基反力计算结果,最大为 200 kPa,较闸底板反力大一些。考虑将该区段桩距加密,桩径 500 mm,桩长保持不变。本区段取桩径 500 mm,桩长 13.3 m。由此计算得:

$$u_p = 3.14 \times 0.5 = 1.57(m)$$

$$A_p = 3.14 \times 0.25^2 = 0.196(m^2)$$

$$R_a = u_p \sum_{i=1}^{n} q_{si}l_i + q_p A_p = 505.02(kN)$$

$$m = (f_{spk} - \beta f_{sk})/(R_a/A_p - \beta f_{sk})$$
$$= (200 - 0.75 \times 100)/(505.02/0.196 - 0.75 \times 100) = 0.05$$

$$A_e = A_p/m = 0.196/0.05 = 3.92(m^2)$$

$$s < 1.05 A_e^{1/2} = 1.05 \times 3.92^{1/2} = 2.08(m)$$

本区段桩距 s 取 1.6 m。

故 $f_{spk} = 0.088 \times 505.02/0.196 + 0.75 \times (1 - 0.088) \times 100$

　　　　$= 295.14(kPa)$

桩体试块抗压强度平均值应满足下式要求：

$$f_{cu} \geqslant 3R_a/A_p = 3 \times 505.02/0.196 = 7.7(MPa)$$

在基础和 CFG 桩顶之间设置褥垫层，厚度取为 300 mm，其材料可选用中砂、粗砂、级配砂石等，最大粒径不宜大于 30 mm。

(三)CFG 桩总体布置

CFG 桩仅在基础范围内布置，平面按梅花等边三角形布置，桩径为 500 mm。CFG 桩应选择承载力相对较高的土层作为桩端持力层，根据闸基土层情况，可选择第⑥层粉质壤土作为桩端持力层，嵌入长度定为 1.0 m，桩端设计高程取为 76.60 m。因此，桩长拟定为 12.4 m。

闸底板区段桩距为 2.2 m。经计算，CFG 桩复合地基承载力为 193 kPa，大于基底最大压应力 138 kPa，可满足设计要求。

填土区段桩径为 500 mm、桩距为 1.6 m。经计算，CFG 桩复合地基承载力为 295 kPa，大于基底最大压应力 200 kPa，可满足设计要求。

本次地基处理共布设 CFG 桩 89 根，累计 1 210 延米，CFG 桩总体积为 238 m³。

郑州桃花峪引黄闸 CFG 桩平面布置见图 4-3。

郑州桃花峪引黄闸桩位平面布置示意图见图 4-4。

三、CFG 桩复合地基检测结果

受河南黄河河务局供水局委托，河南黄河工程质量检测有限公司承担了桃花峪引黄闸工程的 CFG 桩检测工作，进行了单桩复合地基载荷试验、单桩竖向抗压静载荷试验、低应变法检测。现场检测时间为 2007 年 3 月 1～10 日。

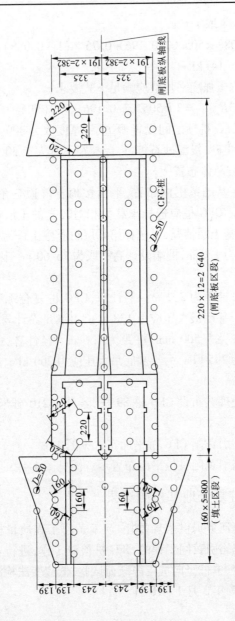

图 4-3　郑州桃花峪引黄闸 CFG 桩平面布置图　（单位：cm）

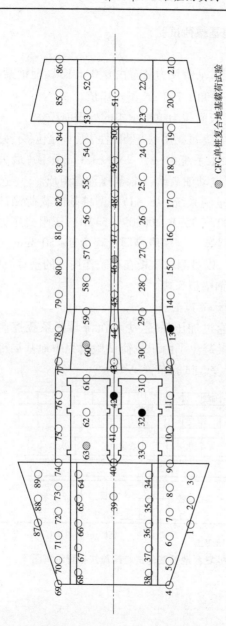

图 4-4 郑州桃花峪引黄闸桩位平面布置示意图

◎ CFG 单桩复合地基载荷试验

● CFG 单桩载荷试验

(一)单桩复合地基载荷试验

1. 仪器设备

(1)反力系统:配重平台反力装置由 6.0 m 长 I_{38} 型钢梁 2 根、6.0 m 长 I_{28} 型钢梁 6 根和 1 730 kN 配重组成。

(2)承压板:承压板面积为单桩承担的处理面积。

(3)基准梁:10 m 长基准梁用以安装磁性表座固定位移传感器。

(4)加压系统:加压系统由一台 2 000 kN 千斤顶(最大行程 200 mm)、1 台超高压电动油泵站、4 根高压油管组成。

(5)荷载和沉降量测系统:RS – JYB 型桩基静载荷测试分析系统 1 套(编号:200007 – 152B、200309 – 542B)、压阻式压力传感器、调频式位移传感器等。位移传感器量程为 0 ~ 50 mm,对称安置在承压板的四角上,以量测承压板在荷载作用下的垂直沉降。

(6)各种规格的钢垫板 5 块。

2. 复合地基现场试验布置

配重提供反力,通过加压系统、力和沉降量测系统控制加载量。长 10 m 钢基准梁避免了由于载荷试验过程中地基局部沉降而引起的系统测量误差。试验布置见图 4-5。

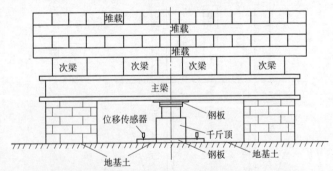

图 4-5　单桩复合地基载荷试验配重法布置示意图

3. 复合地基载荷试验要点

(1)单桩复合地基载荷试验的承压板采用正方形钢板,钢板尺寸为 2 000 mm×2 000 mm。

(2)承压板底面标高与桩顶设计标高相同,承压板下面用中粗砂找平。

(3)加荷等级分为 8 级,总加载量为设计要求值的 2 倍以上。

(4)每加一级荷载 p 在加荷前、后各读记承压板沉降 S 一次,以后每半小时读记一次。当 1 h 内沉降增量小于 0.1 mm 时即可加下一级荷载。

(5)当出现下列现象之一时,可终止试验:

①沉降急骤增大,土被挤出或承压板周围出现明显的隆起;

②承压板的累计沉降量已大于其宽度或直径的 6%;

③当达不到极限荷载,而最大加载压力已大于设计要求压力值的 2 倍。

(6)卸荷级数可为加载级数的一半,等量进行,每卸一级,间隔半小时读记回弹量,待卸完全部荷载后间隔 3 h 读记总回弹量。

4. 复合地基载荷试验成果

按相对变形确定的承载力特征值不应大于最大加载压力的一半。当试验点满足其极差不超过平均值的 30% 时,取平均值为复合地基承载力特征值。

按上述原则,单桩复合地基载荷试验成果见表 4-16。

由表 4-16 得知,单桩复合地基载荷试验共进行 3 组,最大加载值均达到设计值的 2 倍。沉降量均较小,承载力特征值取总加载量的一半。该场地复合地基承载力特征值为 200 kPa。

表 4-16　单桩复合地基载荷试验成果

序号	桩号	加载值（kPa）	沉降值（mm）	回弹值（mm）	回弹率（%）	承载力特征值（kPa）
1	63	400	5.11	1.49	29.16	200
2	60	400	4.92	1.44	29.27	200
3	46	400	4.64	1.38	29.74	200

5. 单桩竖向抗压静载荷试验

该试验的主要仪器设备有以下几类：

(1)反力系统。地锚联合配重反力装置由 2 根长 6 m 的 I_{38} 钢梁、6 根长 6 m 的 I_{28} 钢梁、20 根长 1.8 m 的 I_{18} 钢梁、20 组地锚和 400 kN 配重组成。

(2)加压系统。由 1 台 1 000 kN 千斤顶（最大行程 20 cm）、1 台超高压电动油泵站、4 根高压油管组成。

(3)基准梁。10 m 长基准梁用以安装磁性表座固定位移传感器。

(4)荷载与沉降的量测系统。1 台 RS – JYB 型桩基静载荷测试分析系统、压阻式压力传感器、调频式位移传感器、1 台 JCQ – 502 静力载荷测试仪、轮辐式力传感器、数显式位移传感器。

6. 单桩竖向抗压静载荷试验现场布置

试验布置见图 4-6。桩顶部高出试坑底面，试坑底面与桩承台底标高一致。

7. 单桩竖向抗压静载荷试验要点

(1)开始试验时间。龄期大于 28 d。

(2)试验加载方式。采用慢速维持荷载法，即逐级等量加载，每级荷载达到相对稳定后加下一级荷载，直到满足终止条件。

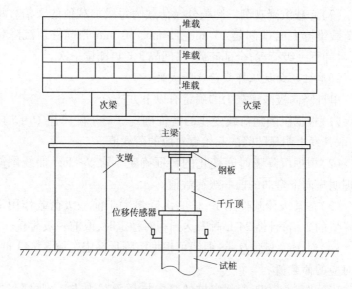

图 4-6　单桩竖向抗压静载荷试验布置示意图

（3）加载分级。加载级数为 10 级,其中第一级取分级荷载的 2 倍。

（4）沉降观测。每级加载后间隔 5 min、10 min、15 min、15 min、15 min 测读桩顶沉降量,以后每隔 30 min 测读一次。

（5）沉降相对稳定标准。每 1 h 的沉降量不超过 0.1 mm,并连续出现两次(由 1.5 h 连续三次观测值计算),认为已达到相对稳定,可加下一级荷载。

（6）终止加载条件。当出现下列情况之一时,即可终止加载:

①某级荷载作用下,桩的沉降量为前一级荷载作用下沉降量的 5 倍,且桩顶沉降量超过 40 mm;

②某级荷载作用下,桩的沉降量大于前一级荷载作用下沉降量的 2 倍,且经 24 h 尚未达到相对稳定时;

③当荷载加至预备最大荷载时。

（7）卸载沉降观测。卸载分级荷载为每级加载值的 2 倍。每级荷载维持 1 h，即间隔 15 min、15 min、30 min 测读桩顶沉降量后，可卸下一级荷载，全部卸载后，间隔 3 h 再测读一次。

8. 单桩竖向抗压静载荷试验成果

单桩竖向极限承载力的确定有以下方法：

（1）根据沉降随荷载变化的特征确定。对于陡降型 $Q \sim S$ 曲线，取其发生明显陡降的起始点对应的荷载值。

（2）根据沉降随时间变化的特征确定。取 $S \sim \lg t$ 曲线尾部出现明显向下弯曲的前一级荷载值。

（3）在某级荷载作用下，桩的沉降量大于前一级荷载作用下沉降量的 2 倍，且经 24 h 尚未达到相对稳定时，取前一级荷载。

（4）对于缓变型 $Q \sim S$ 曲线可根据沉降量确定。取 $S = 40$ mm 所对应的荷载值。

（5）当按上述四项判定桩的竖向抗压承载力未达到极限时，桩的竖向抗压极限承载力应取最大试验荷载。

3 根受检桩均未达到极限状态，故按上述第（5）条取值，成果见表 4-17。从表 4-17 中可以看出，检测的 3 根单桩的承载力特征值为 550 kN。

表 4-17　单桩竖向抗压静载荷试验成果

序号	桩号	加载量 （kN）	沉降值 （mm）	回弹值 （mm）	回弹率 （%）	承载力特 征值（kN）
1	42	1 100	4.58	1.11	24.24	550
2	32	1 100	8.11	2.01	24.78	550
3	13	1 100	4.54	1.35	29.74	550

9. 低应变法检测

1）基本原理

桩可视为一维杆件,若在长度方向上产生一个以压缩为主的应力波,其在桩体内传播过程中,如遇到不同界面或缺陷,即会产生不同相位和不同频率的反射,通过仪器将这种反射波接收并存储,利用相应的计算机软件加以分析就可得到桩的完整性状况。

2）仪器设备

检测仪器设备为武汉岩海工程技术开发公司研制生产的RS-1616K(P)型基桩动测仪,成套设备包括 RS-1616K(P)型信号采集仪、激光打印机、速度传感器、激发力锤、导线、耦合剂等。

3）低应变法现场检测

（1）桩头处理。CFG 桩挖出桩头并清理干净。对破损桩头须处理并打磨平整。

（2）传感器安装。使用黄油耦合,使传感器与桩顶良好接触。

（3）CFG 桩激振位置应选在桩心,传感器的安装位置为距桩心 2/3 半径处。

（4）检测工作开始前首先确定仪器工作参数。

（5）信号不失真和产生零漂,信号幅值不超过测量系统的量程。

4）分析方法

（1）缺陷性质的判断。根据一维杆件应力波理论,桩身中如有断裂、离析、缩颈等缺陷,则反射波与入射波同相位;如有扩径,则反射波与入射波反相位。桩底反射波与入射波同相位。

（2）缺陷程度的判断。根据反射信号的强弱,可判断缺陷程度。

（3）缺陷位置和桩长的判断。根据反射时间和平均波速,即可求出缺陷位置和桩长。

5）检测结果

低应变法检测 31 根,结果见表 4-18。

表 4-18　低应变法检测成果

桩号	桩长 (m)	桩径 (m)	波速 (m/s)	桩身完整性评价		桩号	桩长 (m)	桩径 (mm)	波速 (m/s)	桩身完整性评价	
				完整性	分类					完整性	分类
7	13.40	0.50	2 033	完整	I	46	13.40	0.50	2 059	完整	I
11	13.40	0.50	2 496	完整	I	48	13.40	0.50	1 834	完整	I
12	13.40	0.50	1 888	完整	II	57	13.40	0.50	1 940	完整	I
13	13.40	0.50	2 217	完整	I	60	13.40	0.50	2 027	完整	I
14	13.40	0.50	2 157	完整	II	61	13.40	0.50	1 964	完整	I
16	13.40	0.50	2 515	完整	I	65	13.40	0.50	2 121	完整	I
18	13.40	0.50	2 073	完整	II	66	13.40	0.50	2 046	完整	I
24	13.40	0.50	2 486	完整	I	67	13.40	0.50	1 911	完整	I
25	13.40	0.50	2 608	完整	I	68	13.40	0.50	1 808	完整	I
26	13.40	0.50	1 940	完整	I	73	13.40	0.50	2 033	完整	I
28	13.40	0.50	2 641	完整	I	74	13.40	0.50	1 900	完整	I
30	13.40	0.50	2 100	完整	II	80	13.40	0.50	1 928	完整	I
31	13.40	0.50	2 828	完整	I	81	13.40	0.50	1 888	完整	I
37	13.40	0.50	2 143	完整	I	83	13.40	0.50	1 917	完整	I
39	13.40	0.50	2 179	完整	I	88	13.40	0.50	1 883	完整	I
45	13.40	0.50	2 135	完整	I						

根据桩身完整性判定标准,将桩身完整性类别分为Ⅰ类、Ⅱ类、Ⅲ类、Ⅳ类四类。

Ⅰ类:时域信号在$2L/c$(L为桩长、c为波速)时刻前无缺陷反射波,有桩底反射波,表明桩身完整。

Ⅱ类:时域信号在$2L/c$时刻前出现轻微缺陷反射波,有桩底反射波,表明桩身有轻微缺陷,不会影响桩身结构承载力的正常发挥。

Ⅲ类:有明显缺陷反射波,其他特征介于Ⅱ类和Ⅳ类之间,表明桩身有明显缺陷,对桩身结构承载力有影响。

Ⅳ类:时域信号在$2L/c$时刻前出现严重缺陷反射波或周期性反射波,无桩底反射波;或因桩身浅部严重缺陷使波形呈现低频大振幅衰减振动,无桩底反射波,表明桩身存在严重缺陷。Ⅳ类桩应进行工程处理。

本次共抽检31根,占工程桩总数的35%。其中,Ⅰ类桩27根,占检测桩总数的87.1%;Ⅱ类桩4根,占检测桩总数的12.9%;本次未发现Ⅲ类、Ⅳ类桩。

10.检测结论

1)单桩复合地基载荷试验

该场地复合地基承载力特征值为200 kPa,满足设计要求。

2)单桩竖向抗压静载荷试验

竣工质量验收时检测的单桩承载力特征值为550 kN。单桩承载力特征值满足设计要求。

3)低应变法检测

本次共抽检31根,占工程桩总数的35%。其中,Ⅰ类桩27根,占检测桩总数的87.1%;Ⅱ类桩4根,占检测桩总数的12.9%;本次未发现Ⅲ类、Ⅳ类桩。

第四节　郑州市花园口东大坝引黄闸

郑州市花园口东大坝引黄闸工程位于郑州市惠济区花园口黄河堤防东大坝与其下延工程1号坝的坝裆,北临黄河主河道,西临花园口黄河游览区,南约300 m处为郑州二水厂。现地面高程为89.76~91.43 m。该闸为2孔涵洞式水闸,长40 m、宽8 m,闸底板顶面设计高程为86.0 m,底板厚约1.0 m,设计流量为15 m³/s。

一、工程地质条件

(一)地形地貌

工程区地貌类型属黄河冲积扇平原。现地面高程为89.76~91.43 m。东大坝现坝顶高程为97.68 m。东大坝下延工程现坝顶高程为94.10~94.48 m。

(二)地层岩性

在勘探深度范围内,主要为第四系全新统(Q_4^{al})以来河流冲积形成的松散—稍密状砂壤土和松散—中密状细砂等。

依据野外鉴别及室内土工试验成果,勘探揭露地层由上至下可分为5层,详述如下:

第①层。砂壤土:黄色,湿—很湿,松散—稍密,地下水位以下摇振反应迅速。ZK05号、ZK06号、ZK07号孔夹较多抢险所用秸秆等,腐烂程度中等,ZK07号表层有0.1 m厚的黏土。该层层厚为3.90~5.50 m,平均厚度为4.44 m;层底高程为85.80~87.35 m,平均层底高程为86.66 m。

第②层。细砂:灰黄—灰色,湿—很湿,松散—稍密,局部中密,矿物成分以石英、长石为主,含少许云母。该层含少量腐殖质,ZK05号孔在7.2 m左右遇抛石,应为东大坝以往抢险所产生。该层层厚为2.40~4.40 m,平均厚度为3.57 m;层底高程为82.30~

83.65 m,平均层底高程为 83.09 m。

第③层。细砂:浅灰—灰色,饱和,松散—稍密,土质均一性差,夹多个砂壤土、极细砂透镜体,局部夹黏土团块,偶含腐殖质,矿物成分以石英、长石为主。该层层厚为 4.10~5.80 m,平均厚度为 5.04 m;层底高程为 77.40~78.93 m,平均层底高程为 78.05 m。

第④层。细砂:灰色—灰黄,饱和,中密—密实,成分以石英、长石为主。本次勘察有两个钻孔揭穿该层层底,其层厚为 1.90~3.70 m,平均厚度为 2.80 m;层底高程为 74.95~75.95 m,平均层底高程为 75.26 m。

第⑤层。中砂:黄色—灰黄,饱和,中密—密实,偶含小粒径姜石,成分以石英、长石为主。钻孔均未揭穿该层层底,最大揭示厚度为 3.65 m。

(三)地下水

工程区紧临黄河主河道,地下水类型为孔隙型潜水,含水层岩性以细砂为主,主要接受黄河水的侧渗补给,背河侧向径流排泄。勘察期间地下水位高程约 89.70 m,与勘察期间黄河主槽水位基本一致。

(四)地震

根据《中国地震动参数区划图》(GB 18306—2001)的划分,本区属设计地震分组第一组,设计基本地震加速度值为 0.15g,地震动反应谱特征周期为 0.35 s,相应抗震设防烈度为 7 度。

(五)工程地质特性

1.标准贯入试验成果统计

根据现场标准贯入试验成果,按规范《岩土工程勘察规范》(GB 50021—2001)的要求,对标准贯入成果杆长修正前和杆长修正后分层统计(见表 4-19)。

表 4-19　　标准贯入试验指标统计

地层编号	①		②		③		④		⑤	
杆长是否修正	未修正	杆长修正	未修正	杆长修正	未修正	杆长修正	未修正	杆长修正	未修正	杆长修正
试验次数	8	8	11	11	12	12	11	11	3	3
最大值	7.0	7.0	24.0	22.0	17.0	14.6	36.0	27.2	31.0	21.7
最小值	2.0	2.0	9.0	7.9	5.0	4.2	16.0	12.6	26.0	19.3
平均值	4.7	4.6	13.2	11.9	11.0	8.9	23.4	17.8	29.0	20.8
标准差	1.982	1.955	5.312	4.79	3.693	3.016	6.186	4.745		
变异系数	0.417	0.417	0.400	0.400	0.336	0.336	0.264	0.265		

2. 压缩系数及压缩特性评价

根据室内试验结果、标准贯入试验,综合分析确定场地内各土层的压缩模量见表 4-20。

表 4-20　　压缩模量统计结果

地层编号	压缩模量（MPa）	压缩等级	地层编号	压缩模量（MPa）	压缩等级
①	5.0	中压缩性	④	15.0	低压缩性
②	8.5	中压缩性	⑤	18.5	低压缩性
③	9.0	中压缩性			

3. 地基承载力

依据各土层物理力学指标和现场原位测试成果,经综合分析后提出地基土层的承载力特征值 f_{ak}(见表4-21)。

表4-21　承载力特征值

地层编号	岩土名称	承载力特征值 f_{ak}(kPa)	地层编号	岩土名称	承载力特征值 f_{ak}(kPa)
①	砂壤土	80	④	细砂	180
②	细砂	100	⑤	细砂	200
③	细砂	110			

4. 渗透系数及渗透性评价

根据室内试验结果和以往勘察经验综合确定场地内各土层的渗透系数(见表4-22)。

表4-22　渗透系数及渗透等级统计结果

地层编号	岩土名称	渗透系数(cm/s)	渗透等级
①	砂壤土	8.74×10^{-5}	弱透水
②	细砂	2.46×10^{-4}	中等透水
③	细砂	5.38×10^{-4}	中等透水
④	细砂	1.53×10^{-3}	中等透水

5. 地基土均匀性评价

闸底板顶面设计高程为86.00 m,闸底板厚约1 m,闸基主要持力层为第②、第③层细砂。第②层细砂层底最大坡度为6.9%(ZK02 号与 ZK06 号之间),大于5%,且在 ZK05 号孔内高程83.60 m 处遇抛石,应为东大坝以往抢险遗留物,第③层细砂在不同部位夹多个砂壤土透镜体,故判定该场地地基属非均匀地基。

6. 地震液化判别

根据判定结果,土层液化评价结果见表 4-23。

表 4-23　土层液化评价结果

地层编号	岩土名称	试验点数	液化点所占百分数(%)	结论
①	砂壤土	9	44.4	轻微液化
②	细砂	15	13.3	轻微液化
③	细砂	18	27.8	轻微液化
④	细砂	8	0	不液化

由判别结果可知:位于深度 15 m 以上的第①层砂壤土和第②、第③层细砂属可液化土层,综合判断本场地属轻微液化场地。

7. 渗透稳定性分析

根据《水利水电工程地质勘察规范》(GB 50487—2008)提供的判别标准判别,涵闸地基主要土层的渗透破坏形式为流土。土的临界水力比降计算结果见表 4-24。

表 4-24　土的临界水力比降计算结果

地层编号	岩土名称	比重	孔隙率(%)	临界水力比降	允许比降	建议值
①	砂壤土	2.69	41.45	0.99	0.50	0.45
②	细砂	2.68	42.63	0.96	0.48	0.35
③	细砂	2.67	43.21	0.95	0.46	0.35

二、CFG 桩设计

郑州市花园口东大坝引黄闸基主要持力层范围内土层均为新近沉积的细砂层,第②层细砂 ZK05 号孔 7.2 m 处遇孤石;第③层细砂夹多个砂壤土、极细砂透镜体,属非均匀地基。因花园口东大坝曾经多次抢险,工程区土层中存在抛石、秸料等抢险物料。

该闸基主要持力层承载力特征值为 100 ~ 110 kPa,经计算上部荷载传至闸底板最大压力为 178 kPa,其天然地基承载力不能满足工程要求。再者,闸前两侧有填土区段,填土厚度最大为 10 m,且设置有浆砌石挡土墙,自重较大,产生较大的地基反力。从提高天然地基承载力、减小地基变形的角度来看,有必要进行地基处理。

另一方面,在 7 度地震条件下,位于深度 15 m 以上的第①层砂壤土和第②、第③层细砂属可液化土层,综合判断本场地属轻微液化场地,进行地基处理可消除地震液化的影响。

CFG 桩在基础范围内布置,平面按梅花等边三角形布置,桩径宜取 350 ~ 600 mm,拟定为 500 mm。CFG 桩应选择承载力相对较高的土层作为桩端持力层,根据闸基土层情况,可选择第⑤层中砂土作为桩端持力层,嵌入长度定为 1.0 m。因此,桩长拟定为 11.55 m。

桩距宜取 3 ~ 5 倍桩径,拟定为 1.6 m。

CFG 桩复合地基承载力特征值按下式计算:

$$f_{spk} = mR_a / A_p + \beta(1 - m)f_{sk}$$

式中符号意义同前。

经计算:

$$f_{spk} = 0.089 \times 427.21/0.196 + 0.75 \times (1 - 0.089) \times 100$$
$$= 262.31(kPa) > 196.9 kPa(基底最大压应力)$$

可满足设计要求。

在基础和 CFG 桩顶之间设置褥垫层,厚度取为 300 mm,其材料可选用中砂、粗砂、级配砂石等,最大粒径不宜大于 30 mm。

郑州花园口东大坝引黄闸 CFG 桩平面布置图见图 4-7。

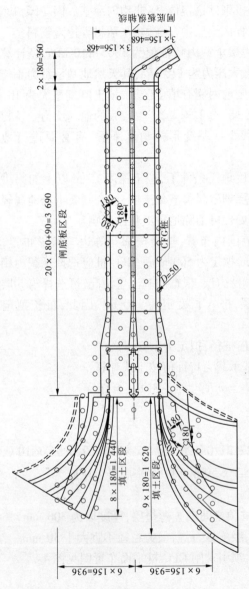

图 4-7　郑州花园口东大坝引黄闸 CFG 桩平面布置图　（单位：cm）

第五节 河南豫联引黄供水泵站

河南豫联引黄供水水源地工程设计从黄河中直接引取地表水,水源地工程由引黄闸、沉沙池、泵站组成。泵站布置在沉沙池西侧围堤上,内布设水泵 4 台,3 用 1 备,设计流量 3.6 m³/s。泵站等别为Ⅳ等、4 级建筑物,设计洪水重现期为 20 年一遇。

一、工程地质条件

(一)地层岩性

根据现场地质勘察及土工试验成果,在勘探深度(30 m)范围内,地层主要为全新统冲积层(Q_4^{al})和上更新统冲、洪积层(Q_3^{al+pl}),岩相变化较大,根据地层结构特点、成因和地质时代及其工程地质特征,从上而下分为 7 层,其中 1~6 层为全新统冲积层,第 7 层为上更新统冲、洪积层,具体描述如下:

第①层。粉细砂:浅黄色—灰黄色,湿,松散—稍密,饱和,主要含长石、石英等矿物,为黄河冲积形成,该层厚 7.5~8.0 m,层底深度为 7.5~8.0 m,层底标高为 96.7~97.2 m。

第②层。粉细砂:灰黄色,饱和,稍密—中密,细粒土含量较高,主要含长石、石英等矿物,为黄河冲积形成,该层厚 3.0~4.2 m,层底深度为 11~11.8 m,层底标高为 92.7~93.7 m。

第③层。中细砂:灰色,饱和,中密,夹有黏土球,颗粒较粗,砂质较纯,主要含长石、石英等矿物,为黄河冲积形成,该层厚 10.4~11.8 m,层底深度为 16.9~17.3 m,层底标高为 87.4~87.8 m。

第④层。粉质黏土:浅灰黄色,很湿,软塑状,含有少量螺壳碎片,土质均匀,该层仅仅在 ZK03 号孔中见到,厚度为 1.7 m,层底深度为 17.2 ~ 19.0 m,层底标高为 83.9 ~ 85.7 m。

第⑤层。中细砂:灰色或浅灰色,饱和,稍密—中密,主要成分为石英、长石,偶见螺壳碎片,含黏土球,该层厚 3.5 ~ 6.2 m,层底深度为 22.5 ~ 23.1 m,层底标高为 81.6 ~ 82.2 m。

第⑥层。细砂:灰色或深灰色,饱和,中密,主要成分为石英、长石,含少量砾石,偶见卵石,最大粒径为 5 cm,主要为玄武岩、石英岩,含量 5% ~ 10%,该层厚 3.3 ~ 4.0 m,层底深度为 26.4 ~ 26.7 m,层底标高为 77.8 ~ 78.3 m。

第⑦层。粉质黏土:棕红色或红色,湿,可塑,常见钙质铁锰斑点、斑纹。含钙质结核,最大粒径约 3 cm,一般粒径约 1 cm,该层变化不大,未见底。

(二)地下水

场地地下水类型为松散岩类孔隙型潜水,补给水源主要为黄河水及大气降水,地下水位主要受黄河水位的控制,以径流排泄和蒸发排泄为主。勘察期间地下水位埋深较浅,一般为 0.5 ~ 1.5 m。

(三)土层物理力学指标

各层土的物理力学性质指标采用舍弃不合理数据后进行统计计算和分析,提出各层土的物理力学指标建议值(见表 4-25)。

(四)地震

根据《水利水电工程地质勘察规范》(GB 50487—2008)的地震液化判别原则,水源地工程区存在可能液化的土层有:第①层粉细砂层、第②层粉细砂层、第③层中细砂层和第⑤层中细砂层。

经液化判别,第①层粉细砂层中有 5 个液化点,占 100%,判定该层存在地震液化问题;第②层粉细砂层有 4 个液化点,占 75%,判定该层存在地震液化问题;第③层中细砂层有 4 个液化

表 4-25 土的物理力学指标建议值

土层	含水量 $\omega(\%)$	天然重度 γ (kN/m³)	干重度 γ_d (kN/m³)	孔隙比 e_0	比重 G_s	液限 ω_L (%)	塑限 ω_P (%)	塑性指数 I_P	压缩系数 α_s (MPa⁻¹)	压缩模量 E_s (MPa)	黏聚力 C (kPa)	内摩擦角 $\varphi(°)$
第①层粉细砂	22.3	20.0	16.5	0.61	2.68				0.15	10.70	0	25
第②层粉细砂	20.2	20.8	17.8	0.48	2.68				0.11	13.40	0	28
第③层中细砂	16.8	21.0	18.6	0.458	2.67				0.10	14.50	0	30
第④层粉质黏土	32.5	19.6	14.8	0.795	2.71	33.4	20.5	12.9	0.48	3.74	17	15
第⑤层中细砂	14.6	21.7	18.9	0.390	2.67				0.09	15.40	0	32
第⑥层细砂	17.7	21.2	18.1	0.492	2.68				0.10	14.90	0	32
第⑦层粉质黏土	23.0	20.0	16.2	0.650	2.71	28.1	17.5	10.6	0.30	5.50	15	22

点,占 66.7%,判定该层存在地震液化问题;第⑤层中细砂层有 0 个液化点,判定该层不存在地震液化问题。综合判定工程区砂土液化深度为 16.0 m。

(五)天然地基工程特性

根据室内土工试验和标准贯入试验成果,综合分析后确定场地土的压缩模量、压缩特性,见表 4-26。

表 4-26　土层压缩性评价结果

土层编号	①	②	③	④	⑤
岩土名称	轻粉质壤土	粉砂	细砂	细砂	卵石
压缩模量 $E_{s0.1-0.2}$(MPa)	4.2	7.5	11.5	16.5	26.0
压缩性评价	高	中等	中等	低	低

依据各土层物理力学指标和现场原位测试成果及邻近场地建筑经验,综合分析后提出各土层的承载力特征值,见表 4-27。

表 4-27　各土层的承载力特征值

土层编号	①	②	③	④	⑤
岩土名称	轻粉质壤土	粉砂	细砂	细砂	卵石
承载力特征值 f_{ak}(kPa)	90	100	130	180	400

各土层极限摩阻力标准值和桩端土层极限端阻力标准值见表 4-28。

表 4-28 各土层极限摩阻力标准值和桩端土层极限端阻力标准值

土层编号	岩土名称	极限摩阻力标准值（kPa）	极限端阻力标准值（kPa）
①	轻粉质壤土	26	
②	粉砂	35	
③	细砂	35	
④	细砂	45	1 000
⑤	卵石		2 400

在工程场地内及其附近不存在对工程安全有影响的诸如岩溶、滑坡、崩塌、地陷、采空区、地面沉降、地裂等不良地质作用；也不存在影响地基稳定性的古河道、沟浜、墓穴、防空洞、孤石及其他人工地下设施等不良地质现象，场地内也无活动断层通过，场地稳定性好，较适宜建筑。

二、灌注桩设计

桩的布置一般对称于桩基中心线，呈行列式或梅花式。排列基桩时，宜使桩群承载力合力点与长期荷载重心重合，并使各桩受力均匀，且考虑打桩顺序。

桩的最小中心距按照《建筑桩基技术规范》（JGJ 94—2008）中第 3.3.3 条规定不小于 $3.0d$（d 为桩的截面边长或直径）。桩端持力层一般应选择较硬土层，桩端全断面进入持力层的深度，对于黏性土、粉土不宜小于 $2d$，砂土不宜小于 $1.5d$，碎石类土不宜小于 $1d$。

根据本工程地层条件，拟定钢筋混凝土灌注桩的布置采用梅花式，桩距 3.1 m、桩径 1.0 m、桩长 30.0 m。

单桩竖向承载力标准值估算如下式：

$$Q_{uk} = u \sum_{1}^{n} q_{sik} l_i + q_{pk} A_p$$

式中　Q_{uk}——单桩竖向承载力标准值，kPa；

　　　u——桩身周长，m；

　　　q_{sik}——桩周第 i 层土桩的侧阻力标准值，kPa，取 35 kPa；

　　　l_i——桩穿越第 i 层土的厚度，m；

　　　q_{pk}——极限端阻力标准值，kPa，取 1 000 kPa；

　　　A_p——桩端面积，m^2。

经计算，$Q_{uk} = 4\ 084$ kPa。

$$R_a = \frac{1}{K} Q_{uk}$$

式中　R_a——单桩竖向承载力特征值；

　　　K——安全系数，取 $K = 2$。

经计算，$R_a = 2\ 042$ kPa。

按照《建筑地基基础设计规范》（GB 50007—2002）中第 4.1.2 条规定，灌注桩的混凝土强度等级不应低于 C25，本设计混凝土强度等级采用 C30。

河南豫联引黄供水泵站灌注桩平面布置图见图 4-8。

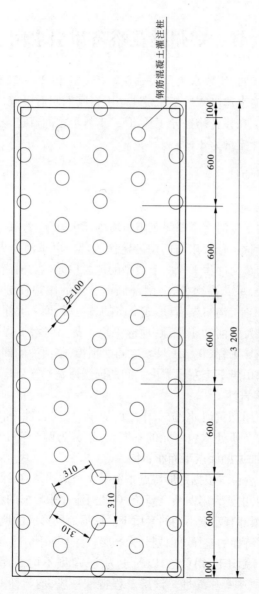

图 4-8 河南豫联引黄供水泵站灌注桩平面布置图 （单位：cm）

第六节　郑州桃花峪备用引水闸

郑州桃花峪备用取水工程自桃花峪控导工程 20～21 号坝间引水后,通过输水建筑物送至原桃花峪引黄闸的闸后渠道,工程线路长 1 080 m。在桃花峪控导工程 20～21 号坝之间修建一座涵洞式引黄闸,设计流量为 8 m^3/s。

一、工程地质

(一)地形地貌

工程区位于黄河南岸郑州荥阳市境内邙山脚下,背靠汉、霸二王城,北临黄河主河道,东与邙山游览区为邻。以黄河为界,可分为黄土台塬和黄河冲积平原两个典型的地貌单元。黄河南岸为邙山黄土台塬区,呈北高南低,向南部倾斜。黄河岸边侵蚀地貌发育,地形起伏不平,沟壑纵横,形成众多的黄土梁、峁。北岸及东部为黄河河漫滩及黄河冲积平原,地形平坦。备用引水工程引黄闸位于桃花峪控导工程 20～21 号坝之间的坝裆,临河一侧即为黄河主河槽。从邙山脚下至左岸大堤之间的河漫滩宽约 6 km。

(二)地层岩性

受侵蚀作用和黄河冲、淤积作用的影响,地层岩性变化较大,根据工程位置及所处地貌单元的不同,可以分为两个岩土工程单元,各单元范围见勘探点平面布置图。

引黄闸工程位置根据地形特点布置了 4 个钻孔,勘探深度内揭露的岩土地层,主要为第四系全新统(Q_4^{al})河流冲积形成的粉土、粉砂和细砂,在顶部有厚度不均的素填土。依据地层形成的地质年代和物理及工程特性的差异可以划分为 5 层。自上而下分述如下:

第①层。素填土:褐黄色,以粉土为主,厚度不均,局部缺失,稍密—中密,具中等压缩性。该层工程特性一般,均匀性差,不能

直接作为基础持力层。层底埋深 2.50~2.60 m,层底标高为
96.50~96.60 m。

第②层。粉土:褐黄色。含铁锰质和钙质结核,稍密—中密,
湿,具中等压缩性。层底埋深 2.50~5.30 m,层厚 2.20~2.70 m,
层底标高为 93.80~94.30 m。

第③层。粉砂:褐黄色,矿物成分以石英、长石为主,级配较差,
含少量黏性土颗粒,局部夹薄层粉土,稍密—中密,饱和。层底埋深
5.20~10.00 m,层厚 2.70~5.20 m,层底标高为 89.10~91.30 m。

第④层。细砂:褐黄色,矿物成分以石英、长石为主,级配良
好,含少量砾石,中密—密实,饱和。层底埋深 20.70~21.50 m,
层厚 11.20~11.90 m,层底标高为 77.60~78.40 m。

第⑤层。粉土:褐黄色。含铁锰质和钙质结核,局部黏性土颗
粒含量较高,密实,湿,具中等压缩性。本次勘测揭露最大深度为
4.30 m。

(三)水文地质条件

工程区临黄河主河道,地下水类型为孔隙型潜水,含水层岩性
以粉砂为主,主要接受黄河水的侧渗补给,向下游径流排泄。勘察
期间地下水位高程为 93.20~94.36 m。

为了解地下水对混凝土的腐蚀性,勘测期间取水样 1 组作简
要分析。

根据《岩土工程勘察规范》(GB 50021—2001)(2009 年版)水
腐蚀性评价标准。所取水样化验资料 SO_4^{2-} = 117.19 mg/L < 300
mg/L,地下水对混凝土结构具微腐蚀性;Cl^- = 170.87 mg/L <
10 000 mg/L,在长期浸水环境下,地下水对混凝土结构中的钢筋
具微腐蚀性;100 mg/L < Cl^- = 170.87 mg/L < 500 mg/L,在干湿交
替环境下,地下水对混凝土结构中的钢筋具弱腐蚀性。

(四)地震

根据《中国地震动参数区划图》(GB 18306—2001)的划分,本

区属设计地震分组第一组,设计基本地震加速度值为 0.15g,地震动反应谱特征周期为 0.35 s,相应抗震设防烈度为 7 度。

(五)工程地质条件评价

1. 物理力学指标统计

依据原位测试及土工试验成果,并结合工程经验,引黄闸工程和顶管工程土层主要物理及工程特性指标推荐值如表 4-29。

表 4-29　引黄闸工程岩土物理及工程特性指标推荐值

地层编号	含水量 ω (%)	孔隙比 e	重度 γ (kN/m³)	饱和度 S_r (%)	塑性指数 I_P	多桥静探 锥尖阻力 (kPa)	多桥静探 侧壁阻力 (kPa)	压缩模量 $E_{s_{1-2}}$ (MPa)	直剪 黏聚力 C_q (kPa)	直剪 内摩擦角 (°)	标贯击数 N (击)	承载力特征值 f_{ak} (kPa)
①素填土	16.2	0.728	18.1	60.3	6.7			12.6	6	20	19	120
②粉土	20.1	0.782	18.2	69.1	6.8	1.40	28.8	10.0	7	20	12	140
③粉砂						4.93	47.1	8.5	0	22	16	160
④细砂						9.53	194.3	11.5	0	25	30	220
⑤粉土	22.0	0.648	20.0	91.7	7.9			9.3	15	20	25	200

根据土工试验成果,以各土层为统计单元对各土层进行岩土物理力学性质指标统计,统计结果见表 4-30。

2. 土体渗透性评价

根据附近工程及工程经验,工程区土体:粉土、粉质黏土及素填土为弱透水层,粉砂和细砂为中等透水层。渗透系数建议值如表 4-31 所示。

3. 场地与地基的地震效应

根据《中国地震动参数区划图》(GB 18306—2001)的划分,本区属设计地震分组第一组,设计基本地震加速度值为 0.15g,地震动反应谱特征周期为 0.35 s,抗震设防烈度为 7 度。

本次勘察利用标准贯入试验及双桥静力触探试验成果,对场区地基土液化性质进行了综合判定。

表 4-30 引黄闸工程土层物理力学指标统计结果

岩土编号	岩土名称	统计项目	天然含水量 ω (%)	土粒比重 G_s	天然孔隙比 e	重力密度 γ (kN/m³)	孔隙度 n (%)	饱和度 S_r (%)	干重度 γ_d (kN/m³)	液限 ω_L (%)	塑限 ω_P (%)	液性指数 I_L	塑性指数 I_P	直剪 内摩擦角 φ_q (°)	直剪 黏聚力 C_q (kPa)	压缩系数 $\alpha_{0.1-0.2}$ (MPa^{-1})	压缩模量 $E_{s0.1-0.2}$ (MPa)	标贯击数 N (击/30cm)
①层	素填土	平均值	16.2	2.69	0.728	18.1	42.1	60.3	15.6	26.3	19.6	-0.52	6.7	23.4	16	0.14	12.6	19
		最大值	18.4	2.69	0.752	18.7	42.9	70.4	15.8	26.9	20.4	-0.06	6.9	24.5	17	0.16	14.6	27
		最小值	14.0	2.69	0.703	17.5	41.3	50.1	15.4	25.7	18.8	-0.98	6.5	22.3	15	0.12	10.7	11
		统计	2	2	2	2	2	2	2	2	2	2	2	2	2	2	2	2
②层	粉土	平均值	20.1	2.70	0.782	18.2	43.8	69.1	15.2	26.4	19.6	0.05	6.8	25.6	17	0.15	11.8	13
		最大值	24.0	2.70	0.881	18.6	46.8	81.0	15.7	27.3	21.6	0.73	7.9	28.4	21	0.17	13.9	15
		最小值	15.9	2.69	0.719	17.4	41.8	59.7	14.3	26.0	18.2	-0.40	5.7	22.8	10	0.13	10.8	10
		统计	4	4	4	4	4	4	2	4	4	4	4	4	4	4	4	2
③层	粉砂	平均值																17
		最大值																25
		最小值																10
		统计																9
④层	细砂	平均值																30
		最大值																38
		最小值																17
		统计																22
⑤层	粉土	平均值	22.0	2.70	0.648	20.0	39.3	91.7	16.4	26.3	18.3	0.47	7.9			0.20	9.4	25
		最大值	24.3	2.70	0.691	20.6	40.9	96.8	17.2	27.6	20.3	0.68	8.8			0.29	12.9	26
		最小值	19.9	2.70	0.572	19.7	36.4	84.7	16.0	25.8	17.0	0.25	7.3			0.13	5.7	24
		统计	4	4	4	4	4	4	4	4	4	4	4			4	4	2

表 4-31　引黄闸工程区土体渗透系数建议值

地层编号	渗透系数 K(cm/s)	透水性等级
①素填土	5.0×10^{-4}	弱透水
②粉土	5.0×10^{-4}	弱透水
③粉砂	1.2×10^{-3}	中等透水
④细砂	6.0×10^{-3}	中等透水
⑤粉土	3.0×10^{-4}	弱透水

场地的判别条件是:工程场地位于郑州市与荥阳交界处,出于安全考虑,设计基本地震加速度值为 $0.15g$,抗震设防烈度为 7 度,设计地震第一组;标准贯入基准值为 8,场地地下水位取最高值 0.00 m。经综合计算判定:引黄闸段地基土为轻微液化,液化指数为 1.23,液化土层为层②、层③和层④,主要分布在层③,液化最大深度为 7.8 m;顶管和工作井段地基土为中等液化,液化土层为层①、层②和层③,主要分布在层③,最大液化深度为 12.1 m。场地综合评价为中等液化场地。

4. 土层极限摩阻力和极限端阻力标准值

钻孔灌注桩土层极限摩阻力和极限端阻力标准值见表 4-32。

表 4-32　钻孔灌注桩土层极限摩阻力和极限端阻力标准值

地层编号	岩土名称	极限摩阻力标准值 (kPa)	极限端阻力标准值 (kPa)
②	粉土	40	
③	粉砂	35	
④	细砂	50	1 000
⑤	粉土	65	1 000

二、预应力混凝土管桩设计

预应力混凝土管桩的最小中心距按照《建筑桩基技术规范》

（JGJ 94—2008）中第 3.3.3 条规定不小于 4.0d（d 为桩的截面边长或直径）。桩端持力层一般应选择较硬土层。

根据本工程地层条件，拟定闸室预应力混凝土管桩的布置采用行列式，桩距纵向 2.0 m、横向 2.1 m，外径 0.5 m，内径 0.25 m，桩长 15 m。

（一）桩顶作用效应

偏心竖向力作用下：

$$N_{ik} = \frac{F_k + G_k}{n} \pm \frac{M_{yk}x_i}{\sum x_j^2} \tag{4-4}$$

式中　N_{ik}——荷载效应标准组合偏心竖向力作用下，第 i 基桩的竖向力；

F_k——荷载效应标准组合下，作用于承台顶面的竖向力；

G_k——桩基承台和承台上土自重标准值；

n——桩基中的桩数；

M_{yk}——荷载效应标准组合下，作用于承台底面，绕通过桩群形心的 y 主轴的力矩；

x_i、x_j——第 i、j 基桩至 y 轴的距离。

经计算，基桩平均竖向力 N_k = 566 kN，桩顶最大竖向力 N_{kmax} = 642 kN。

桩基作用效应示意图见图 4-9。

（二）单桩竖向承载力

按照《建筑桩基技术规范》（JGJ 94—2008），根据土的物理指标与承载力参数之间的经验关系确

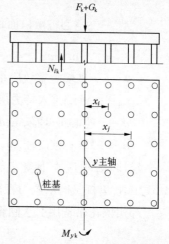

图 4-9　桩基作用效应示意图

定单桩竖向承载力标准值。如下式：

$$Q_{uk} = u \sum_{i=1}^{n} q_{sik} l_i + q_{pk}(A_j + \lambda_p A_{p1})$$

当 $h_b/d < 5$ 时，$\lambda_p = 0.16 h_b/d$；当 $h_b/d \geqslant 5$ 时，$\lambda_p = 0.8$。

式中　　Q_{uk}——单桩竖向承载力标准值，kN；

　　　　u——桩身周长，m，$u = \pi \times 0.5 = 1.57(\mathrm{m})$；

　　　　q_{sik}——桩周第 i 层土桩的侧阻力标准值，kPa，根据岩土工
　　　　　　程勘察成果，$q_{s1k} = 45$ kPa，$q_{s2k} = 55$ kPa，$q_{s3k} = 65$
　　　　　　kPa；

　　　　l_i——桩穿越第 i 层土的厚度，m，$l_1 = 1$ m，$l_2 = 11$ m，
　　　　　　$l_3 = 3$ m；

　　　　q_{pk}——极限端阻力标准值，kPa，根据岩土工程勘察成果，
　　　　　　$q_{pk} = 1\,000$ kPa；

　　　　A_j——空心桩桩端净面积，m^2，$A_j = \pi \times (0.25^2 - 0.125^2) =$
　　　　　　$0.15(\mathrm{m}^2)$；

　　　　A_{p1}——空心桩敞口面积，m^2，$A_{p1} = \dfrac{\pi}{4} d_1^2 = \dfrac{\pi}{4} \times 0.25^2 = 0.05$
　　　　　　(m^2)；

　　　　λ_p——桩端土塞效应系数；

　　　　h_b——桩端进入持力层深度，m；

　　　　d——空心桩外径，m，$d = 0.5$ m；

　　　　d_1——空心桩内径，m，$d_1 = 0.25$ m。

　　经计算，预应力混凝土管桩单桩竖向承载力标准值 $Q_{uk} = 1\,517$ kN，单桩竖向承载力特征值 $R_a = 759$ kN。

　　郑州桃花峪备用引水闸管桩平面布置图见图 4-10。

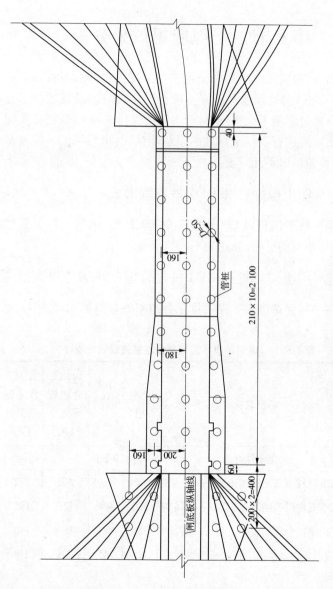

图4-10　郑州桃花峪备用引水闸管桩平面布置图　（单位：cm）

第七节　工程应用效果分析

目前,在引黄供水工程中采用水泥土搅拌法和水泥粉煤灰碎石桩(CFG桩)法处理地基已有多项,经过实践检验,该项技术是适用的。通过多项工程实践,对于水泥土搅拌桩和CFG桩在黄河滩地的实际应用有了一定深度的了解和认识,也总结了一些技术经验,主要包括以下几方面。

一、水泥土搅拌桩和CFG桩布置形式

平面一般采用梅花形(等边三角形)布置,根据上部荷载情况,可调整不同的桩距,以达到不同的承载能力。

二、水泥土搅拌桩和CFG桩复合地基承载力提高效果

现将一些引黄供水工程项目复合地基处理效果作以统计(见表4-33)。

表 4-33　河南引黄供水工程复合地基处理效果统计

序号	项目名称	桩数（根）	处理面积（m^2）	设计复合地基承载力（kPa）	实测复合地基承载力（kPa）
一	水泥土搅拌法	7 297	6 256		
1	濮阳市渠村引黄闸改建工程——穿堤闸	5 250	4 410	262	272
2	濮阳市渠村引黄闸改建工程——倒虹吸	550	468	178	185
3	濮阳市渠村引黄闸改建工程——防沙闸	350	281	189	196
4	武陟引黄供水水源工程——提水泵站	125	165	208	218

续表 4-33

序号	项目名称	桩数（根）	处理面积（m²）	设计复合地基承载力（kPa）	实测复合地基承载力（kPa）
5	武陟引黄供水水源工程——引水闸	902	750	194	205
6	温县大玉兰引水闸	66	96	284	290
7	长垣县引黄供水闸	54	86	160	172
二	CFG 桩	347	1 069		
1	郑州桃花峪引黄闸	89	260	184	192
2	郑州花园口东大坝引黄闸	182	420	262	275
3	原阳双井引黄闸	76	389	165	176

经水泥土搅拌桩和 CFG 桩地基处理后，其地基承载力提高显著，达到设计要求，效果良好。

水泥土搅拌法和 CFG 桩是两种具有独特优越性的地基处理方法。根据引黄供水工程上部结构的特点，并结合黄河滩区地质条件，分别采用这两种方法可提高天然地基承载力、减小不均匀沉降，并起到稳定闸基的作用，经过实践检验是可行的。

三、关于水泥土搅拌桩和 CFG 桩设计参数

通过具体工程实践，验证了《建筑地基处理技术规范》（JGJ 79—2002）中复合地基承载力特征值公式及单桩竖向承载力特征值公式在引黄供水工程中的适用性。

四、水泥土搅拌桩和 CFG 桩复合地基经济效益

根据多项引黄供水工程统计，水泥土搅拌桩和 CFG 桩复合地

基处理造价按桩体计算约为 200 元/m^3 和 300 元/m^3，与类似处理方法相比，造价经济、效益显著。

将水泥土搅拌桩与 CFG 桩复合地基处理技术成功应用于河南引黄供水工程中，是非常有益的尝试，解决了河南黄河滩区水工建筑物地基处理的关键问题，对于工程建设具有很强的实用性，效益显著。

随着黄河流域人口的增加和社会经济的迅速发展，黄河水资源需求力度日益增大，从黄河流域自然和社会经济特点看，今后20~30 年内用水需求还会有较大增长。为解决工农业和城市居民生活用水问题，近年来在黄河沿岸兴建了一批供水工程，如濮阳渠村引黄闸改建系列工程、武陟引黄供水水源工程、郑州桃花峪、花园口东大坝引黄闸、原阳双井引黄闸等，都是近些年内兴建的大中型引黄供水工程。另外，20 世纪 80 年代修建的多座引黄闸，由于使用年限、工程质量问题等原因需改建或重建，新一轮的引黄供水工程建设正在展开。

引黄供水工程的兴建，为水泥土搅拌桩和 CFG 桩复合地基提供了广阔的应用前景。实践表明：无论从技术、经济，还是社会、环保效益看，利用水泥土搅拌桩和 CFG 桩在黄河下游滩区进行地基处理都极具发展潜力，尤其是在黄河供水工程中广泛地推广应用，必将产生巨大的社会效益和经济效益。

第五章　设计程序开发

第一节　设计程序功能

水泥土搅拌桩和水泥粉煤灰碎石桩的设计,主要是确定搅拌桩的置换率和长度。在此过程中,要反复计算调整以满足上部结构的需要,设计人员常常花费大量时间做一些重复性计算工作,且手工计算容易出现错误,还需要不断校核,效率较低。

为了满足不同工程的需要,达到准确、快速解决问题的目的,编制开发了一套设计程序,可完成水泥土搅拌桩和水泥粉煤灰碎石桩的设计分析计算等一系列工作,运用于工程实践中得心应手,大大提高了设计效率。

该程序采用 Borland Delphi 系列工具进行开发,界面简洁明了,直观易用,可对不同地基处理方法进行相应的分析计算。软件主界面见图 5-1。

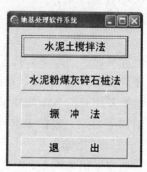

图 5-1　地基处理软件
系统主界面

一、设计程序特点

目前,该设计程序可针对水泥土搅拌法、水泥粉煤灰碎石桩法和振冲法三种常见的处理方法进行分析计算。该设计程序的特点如下:

(1)可以直接根据设计经验选取多组桩体布置参数,由软件对各组参数进行分析计算,验证设计参数的合理性,提高了工作效率,避免了一些人为误差,同时减轻了工程设计人员的计算强度。

(2)该软件辅助功能提供给用户一个可视化的操作环境,用户可以在桩型选择及各土层的物理力学指标输入方面根据图形界面上的提示依次输入各参数,提高了软件的易用性。

(3)可根据用户的需要把计算过程中的一些参数(如面积置换率、单桩竖向承载力等)输出来,以便校验和使用。

二、设计程序框架

该程序采用 Delphi 开发工具进行开发,设计程序流程如图 5-2 所示,可分为三个步骤。

(一)数据输入

数据输入为图 5-2 中 1 号线以上部分。应用该程序进行复合地基处理计算分析,工作量主要集中在数据输入方面,也即按照软件界面上的各项提示依次输入所需参数。一旦完成这一工作,对于用户来说就等于完成了整个计算任务,其余的工作就可由程序自动完成了。

(二)计算

计算过程为图 5-2 中 1 号、2 号线之间的部分。该部分是整个程序的核心部分,它要针对读进来的数据进行分析、判断,进而计算出所要用到的各中间变量(如面积置换率、单桩承载力、复合土层附加应力等),以此来进行计算。

(三)数据输出

数据输出为图 5-2 中 2 号线以下部分。该部分的工作就是要做到直观明了地把结果显示、提供给用户,程序会把复合地基承载力和压缩变形(如果需要)计算结果直接输出到主界面左下方的文本框中,以便直接察看结果。

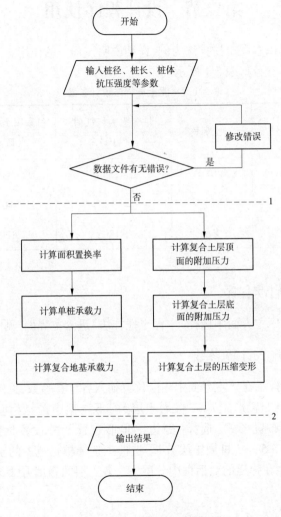

图 5-2　设计程序流程

第二节　设计程序使用

下面以水泥土搅拌法为例,详细说明该程序的使用方法,其中主要设计参数如表5-1所示。

表5-1　水泥土搅拌法设计参数

地层编号	岩土名称	桩侧阻力特征值（kPa）	桩端阻力特征值（kPa）
①	砂壤土	15	100
②	黏土	8	90
③	壤土	18	120

一、启动程序

在程序主界面中选择"水泥土搅拌法"进入主界面,见图5-3。

二、输入计算参数

根据提示在该主界面中相应位置输入各计算参数,见图5-4。

在"桩布置形式"和"桩周土层数"下选框中选择相应参数。例如,"桩布置形式"选择"等边三角形布置",并设置桩间距为1 m,见图5-5;在"桩周土层数"下选框中选择桩长范围的土层数,为3层,并在弹出的对话框中分层填入各土层的物理力学参数,见图5-6。

三、计算及结果输出

参数输入完成之后,点击"承载力计算",计算过程开始。计

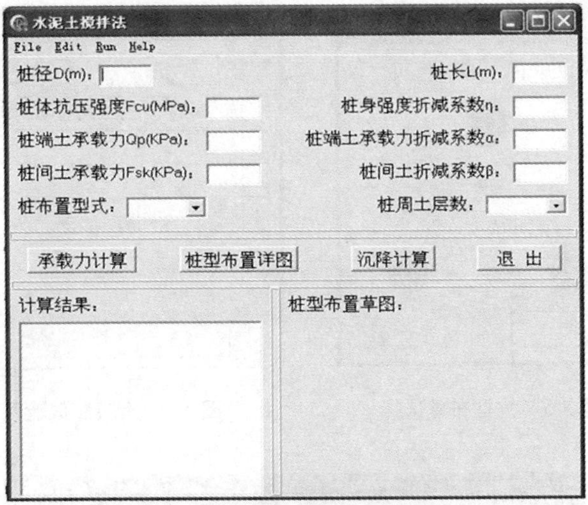

图 5-3　水泥土搅拌法主界面

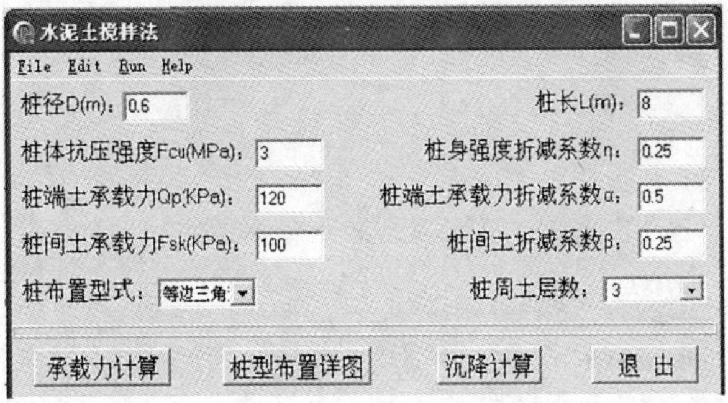

图 5-4　计算参数输入

算过程一般很快就能结束,计算结束后,程序会把计算结果直接输出到程序主界面左下方的文本框中,计算结果可直接应用于工程设计中,见图 5-7。

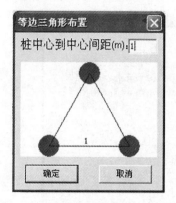

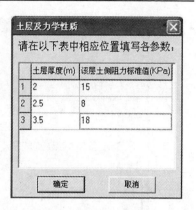

图 5-5　桩型布置选择　　　　　　　　图 5-6　土层参数输入

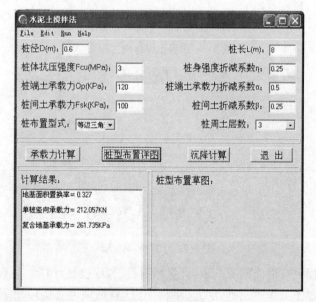

图 5-7　计算结果

第三节　应用前景

　　设计程序能在很短时间内就计算出多种桩型参数下的复合地基承载力,为工程设计提供可靠的计算成果,设计效率大大提高,减轻了设计人员的工作强度,在多项工程中应用该项技术取得了良好的效果,也积累了一定的工程实践经验。

　　利用该程序进行复合地基处理设计的优越性主要包括以下几方面。

一、设计效率高

　　程序设计与人工设计相比,代替了人工试算重复性、机械性的计算方式,节约了大量的时间和精力。在设计过程中,对于不同的地质条件、不同的承载力及变形要求,需要进行多次的试算。如果采用人工手算,不仅工作强度很大,又难以迅速完成计算工作。该程序的开发,可充分利用计算机的强大计算功能,很好地解决了设计计算问题,提高了设计工作效率。

二、设计精度高

　　如果采用人工设计,由于进行的试算工作量很大,难免会产生误差,甚至出现错误。由于人工计算精度有限,得出的计算结果也难免有些粗糙,影响计算结果的可靠性。采用该程序来处理上述问题,可迅速完成大量的计算工作以及进行多方案比选,使计算结果更切合实际,更安全、合理、可靠和精确。

三、自动化程度较高

　　设计计算过程结束后,必不可少地要绘制桩型布置图。如果采用人工制图,设计人员则需要消耗大量的劳动和时间,进行烦琐、重复的工作。为了解决此问题,我们将该程序和 CAD 程序有机地结合起来,点击"桩型布置图",可自动进入 CAD 程序绘制出图,实现从设计计算到绘制出图的一体化、自动化。

四、操作简便

该程序采用面向对象的可视化编程工具 Borland Delphi 2005 开发,在开发过程中,充分利用组件重用功能,界面简洁明了,使用方便,设计人员输入相应参数后即可很快得到计算结果,降低了设计人员的计算强度。

五、设计成本低

执行相同或相似的设计任务消耗很小的成本,效益显著。一旦设计条件确定之后,只需输入相应的一些参数,点击计算按钮,则计算过程只需几十秒钟就可完成,极大地降低了设计成本。

从实际效果来看,该程序的应用提高了设计效率和精度,降低了设计成本,达到了预期的目的。但是,在使用过程中发现还存在一些不足:一是程序的智能化有待进一步提高。比如输入的数据还需设计人员手工做一些工作。通过对该程序的不断完善,还可进一步减轻设计人员的工作量。二是功能单一。目前,该程序仅限于水泥土搅拌桩和水泥粉煤灰碎石桩复合地基处理设计,应用范围有待进一步拓展。

考虑到该程序以后的适用性和发展性,随着应用的深入及程序功能扩充的需求,可在此基础上开发出更多、更完善的功能,以形成可执行多任务的计算机辅助设计软件系统,减轻工程设计人员的负担,更好地为工程设计服务。

第六章 认识与展望

第一节 关于地基承载力表达形式的探论

我国在不同时期、不同行业的规范中对地基承载力的表达采用了不同的形式和不同的测定方法。因此,在以往的著作、论文和工程案例中对地基承载力也采用了多种不同的表达形式。地基承载力的表达形式主要有以下几种:地基极限承载力、地基容许承载力、地基承载力特征值、地基承载力标准值、地基承载力基本值及地基承载力设计值等。

地基极限承载力是地基处于极限状态时所能承担的最大荷载,或者说地基产生失稳破坏前所能承担的最大荷载。

地基极限承载力也可通过载荷试验确定。在载荷试验过程中,通常取地基处于失稳破坏前所能承担的最大荷载为极限承载力值。对于某一地基而言,一般来说其地基极限承载力值是唯一的。或者说对于某一地基,其地基极限承载力值是一确定值。

地基容许承载力是通过地基极限承载力除以安全系数得到的。影响安全系数取值的因素很多,如安全系数取值大小与建筑物的重要性、建筑物的基础类型、采用的设计计算方法及设计计算水平等因素有关,还与国家的综合实力、生活水平及建设业主的实力等因素有关。

因此,一般来说对于某一地基而言,其地基容许承载力不是唯一的。在工程设计中,安全系数取值不同,地基容许承载力值也就不同。安全系数取值大,工程安全储备也大;安全系数取值小,工程安全储备也小。在工程设计中,地基容许承载力是设计人员能利用的最大地基承载力值,或者说地基承载力设计取值不允许超过地基容许承载力值。地基极限承载力和地基容许承载力是国内外最常用的概念。

地基承载力特征值、地基承载力标准值、地基承载力基本值、地基承载力设计值等都是与相应的规范规程配套使用的地基承载力表达形式。

以往的《建筑地基基础设计规范》(GBJ 7—89)中采用地基承载力标准值、地基承载力基本值和地基承载力设计值等表达形式。地基承载力标准值是按该规范规定的标准试验方法经规范规定的方法统计处理后确定的地基承载力值;也可以根据土的物理和力学性质指标,根据规范提供的表确定地基承载力基本值,再经规范规定的方法进行折算后得到地基承载力标准值。对于地基承载力标准值,经规范规定的方法进行基础深度、宽度等修正后可得到地基承载力设计值,对应的荷载效应为基本组合。这里的地基承载力设计值应理解为工程设计时可利用的最大地基承载力取值。

现行的《建筑地基基础设计规范》(GB 50007—2002)中采用的地基承载力表达形式是地基承载力特征值,对应的荷载效应为标准组合。在条文说明中对地基承载力特征值的解释为:用以表示正常使用极限状态计算时采用的地基承载力值,其含义即为在发挥正常使用功能时所允许采用的抗力设计值。规范中还对地基承载力特征值的试验测定作了具体规定。

在某种意义上可以将上述规范中所述的地基承载力特征值和地基承载力设计值理解为地基容许承载力值,而地基承载力标准值和地基承载力基本值是为了获得上述地基承载力设计值的中间过程取值。

作者认为掌握了地基极限承载力、地基容许承载力及安全系数这些基本的概念,就不难理解各行业及各个时期的规范内容,并能够使用现行规范进行工程设计,因此本书中以采用地基承载力特征值的概念为主。

第二节　地基处理形式选用与优化设计思路

一、地基处理形式选用原则

地基处理常用形式很多,合理选用地基处理形式可以取得较好的工程经济效益。从以往工程实践中总结出以下选用原则:

(1)坚持具体工程具体分析和因地制宜的选用原则。根据场地工程地质条件、所建工程类型、荷载水平,以及使用要求进行综合分析,还应考虑充分利用地方材料,合理选用地基处理形式。

(2)水平向增强体复合地基的效用主要是提高地基的稳定性。在高压缩性土层不是很厚的情况下,采用水平向增强体复合地基加固不仅可有效提高地基稳定性,还可有效减小沉降。对于高压缩性土层较厚的情况,采用水平向增强体复合地基加固对减小总沉降效果不明显。

(3)散体材料桩单桩承载力的大小主要取决于桩周土体所能提供的最大侧限力。散体材料桩复合地基主要适用于在设置桩体过程中桩间土能够振密挤密,桩间土的强度能得到较大提高的砂性土地基。对饱和软黏土地基,采用散体材料桩复合地基加固,加固后承载力提高幅度不大,而且可能产生较大的工后沉降,应慎用。

(4)对于深厚软土地基,为了减小复合地基的沉降量,应采用较长的桩体,尽量减小加固区下卧层土层的压缩量。若软土层较厚,可采用刚度较大的桩体形成复合地基,也可采用长短桩复合地基。

（5）采用刚性基础下黏结材料桩复合地基形式时，视桩土相对刚度大小决定在刚性基础下是否设置柔性垫层。桩土相对刚度较大，而且桩体强度较小时，应设置柔性垫层。通过设置柔性垫层可有效减小桩土应力比，改善接近桩顶部分桩体的受力状态。刚性基础下黏结材料桩复合地基桩土相对刚度较小，或桩体强度足够时，也可不设置柔性垫层。

二、优化设计思路

在进行地基处理设计时，首先要搞清楚地基加固的目的，可以分三种情况：一是提高地基承载力，二是减小地基沉降量，三是两者兼而有之。对上述不同情况，地基优化设计的思路是不同的，下面分别加以讨论。

（一）提高地基承载力

对沉降量大小控制要求不是很严，主要要求保证地基稳定的工程属于上述第一种情况，主要解决地基承载力不足。若软弱土层不厚，整个软弱土层都得到加固，也属于这种情况。由桩体复合地基承载力公式可知，提高桩体承载力和提高复合地基置换率均可有效提高复合地基承载力。

对于散体材料桩，桩的极限承载力主要取决于桩周土对它的极限侧限力。饱和黏性土地基中的散体材料桩桩体承载力基本上由地基土的不排水抗剪强度确定。对某一饱和黏性土地基，设置在地基中的散体材料桩的桩体承载力基本上是定值。提高散体材料桩复合地基的承载力只有依靠增加置换率。在砂性土等可挤密性地基中设置散体材料桩，在设置桩的过程中桩间土得到振密挤密，桩间土抗剪强度得到提高，相应散体材料挤密桩的承载力也得到提高。

对于黏结材料桩，桩的承载力主要取决于桩侧摩阻力和桩端阻力之和，以及桩体的材料强度。刚性桩的承载力主要取决于桩侧摩阻力和桩端阻力之和,因此增加桩长可有效提高桩的承载力。柔性桩的承载力往往制约于桩身强度,有时还与有效桩长有关,因此有时增加桩长不一定能有效提高桩的承载力。对于上述黏结材料桩,特别是刚性桩,如能使由摩阻力和桩端阻力之和确定的承载力与由桩身强度确定的承载力两者比较接近,则可取得较好的经济效益。对低强度桩,由桩侧摩阻力和桩端阻力之和确定的承载力与由桩身强度确定的承载力两者比较靠近,也就是说较好地发挥了桩体材料的承载潜能。

对采用复合地基主要是解决地基承载力不足的情况,在设计中首先要充分利用天然地基的承载力,然后通过协调提高桩体承载力和增大置换率达到既满足承载力要求,又比较经济的目的。在设计中应根据不同的工程地质条件,采取不同的措施提高桩体承载力。

(二)减小地基沉降量

当加固地基的主要目的是减小沉降量时,复合地基优化设计显得更为重要。从复合地基位移场特性可知,复合地基加固区的存在使地基中附加应力高应力区向下伸展,附加应力影响深度变深。从深厚软黏土复合地基加固区和下卧层压缩量分析可知,当软弱下卧层较厚时,下卧层土体压缩量占复合地基总沉降量的比例较大。因此,为了有效减小复合地基的沉降量,最有效的方法是减小软弱下卧层的压缩量。减小软弱下卧层压缩量的最有效方法是加深复合地基的加固区深度,减小软弱下卧层的厚度。增加复合地基置换率和增加桩体刚度可以使复合地基加固区的压缩量进一步减小。但因其本身压缩量已较小,特别是它占总沉降量的比例较小时,通过进一步减小复合地基加固区的压缩量来进一步减小复合地基的沉降量的潜力不大,而且增加复合地基置换率和增加桩体刚度两项措施,可使加固区下卧层土体中附加应力值增大,其后果是增加加固区下卧层土体的压缩量。

(三)结论

通过上述分析可以得到复合地基优化设计思路:根据场地工程地质条件和荷载情况,在设计中采用的复合地基加固区范围、置换率和桩体强度要满足复合地基承载力的设计要求。在满足复合地基承载力设计要求的前提下,增加复合地基加固区深度可有效减小地基沉降。在已经满足复合地基承载力设计的前提下,继续增大复合地基置换率和增大桩体刚度,对减小复合地基沉降效果不明显,有时复合地基沉降量反而会增大。考虑到在荷载作用下复合地基中附加应力分布情况,复合地基加固区按深度最好采用变刚度分布,不仅可有效减小压缩量,而且可减小工程投资,取得较好的经济效益。

复合地基加固区按深度变刚度分布可采取两种措施:一是,桩体采用变刚度设计,浅部采用较大刚度,深部采用较小刚度。例如,采用深层搅拌法设置水泥土桩,浅部采用较高的水泥掺合量,深部采用较低的水泥掺合量;或水泥土桩浅部采用较大的直径,深部采用较小的直径。二是,沿深度采用不同的置换率。例如,由一部分长桩与一部分短桩相结合组成的长短桩复合地基。减小复合地基沉降量最有效的方法是增大增强体长度,有效减少软弱下卧层厚度。

当加固地基既是为了提高地基承载力又是为了减小地基沉降量时,首先要考虑满足地基承载力的要求,然后考虑满足减小地基沉降量的要求。

第三节　地基处理与环境保护

随着工业的发展,环境污染问题日益严重,公民的环境保护意识也逐渐提高,在进行地基处理设计和施工中一定要注意环境保护,协调好地基处理与环境保护的关系。

与某些地基处理方法有关的环境污染问题主要是噪声、地下水质污染、地面位移、振动、大气污染及施工场地泥浆污水排放等。事实上,一种地基处理方法对环境的影响还受施工工艺的制约,改进施工工艺可以减少甚至消除对周围环境的不良影响。因此,表6-1中只能反映一般情况。

在确定地基处理方案时,尚需结合具体情况,进一步研究分析。环保保护政策性、地区性很强,一定要了解、研究、熟悉施工现场所在地环境保护的有关法令和规定,施工现场周围条件及了解施工工艺才能正确选用合适的地基处理方法。

几种主要的地基处理方法可能对环境产生的影响见表6-1。

表6-1 几种主要的地基处理方法可能对环境产生的影响

地基处理方法	噪声	水质污染	振动	大气污染	地面水泥污染	地面位移
换填法						
振冲碎石桩法	△		△		○	
砂石桩法	△		△			
石灰桩法	△		△	△		
喷浆深层搅拌法						
喷粉深层搅拌法				△		
高压喷射注浆法					△	
土桩、灰土桩法	○		△			

注:○—影响较大;△—影响较小;空格表示没有影响。

第四节　地基处理技术发展展望

近20多年来,我国地基处理技术和复合地基理论发展很快,表现在各种地基处理方法得到应用和普及,地基处理队伍的不断扩大,我国地基处理理论发展也很快。在探讨加固机制、改进施工机械和施工工艺、发展检验手段、提高处理效果、改进设计方法等方面都取得不少进展。

随着地基处理技术的发展,复合地基技术在我国各地得到广泛应用,发展也很快。复合地基概念从狭义复合地基发展到广义复合地基,形成了较系统的广义复合地基理论。

如何展望地基处理技术的发展,作者认为应在重视普及基础上的进一步提高,重视以下几方面工作:

(1)研制和引进地基处理新机械,提高各种工法的施工能力。

在土木工程建设中,与国外差距较大的是施工机械能力,在地基处理领域情况也是如此。在深层搅拌法、高压喷射注浆法、振冲法等工法的施工机械能力上都有较大差距。

随着综合国力提高,地基处理施工机械将会有较大的发展,不仅要重视引进国外先进施工机械,也要重视研制国产先进施工机械。只有各种工法的施工机械能力有了较大的提高,地基处理水平才能有较大的提高。

(2)加强理论研究,提高设计水平。

加强地基处理和复合地基理论研究,如复合地基计算理论、优化设计理论、按沉降控制设计理论等,也要加强各种工法加固地基的机制及设计计算理论研究。

这里特别要强调优化设计理论研究。地基处理优化设计包括两个层面:一是地基处理方法的合理选用,二是某一方法的优化设计。目前,在这两个层面都与国际先进水平存在较大的差距,发展空间很大。

（3）发展新技术。

发展地基处理新方法和复合地基新技术，还包括发展地基处理新材料，如深层搅拌专用固化剂等。

（4）发展测试技术。

测试技术包括各种地基处理工法本身的质量检验，以及采用地基处理加固效果的评价。

地基处理领域是土木工程中非常活跃的领域，也是非常有挑战性的领域。挑战与机遇并存，相信在不远的将来，地基处理技术会在普及的基础上得到较大的提高，发展到一个新的水平。

参 考 文 献

[1] 阎明礼,张东刚. CFG 桩复合地基技术及工程实践[M].北京:中国水利水电出版社,2001.

[2] 吴慧明,龚晓南. 刚性基础与柔性基础下复合地基模型试验对比研究[J].土木工程学报,2001,34(5):81.

[3] 杨军龙. 长短桩复合地基沉降计算[D].杭州:浙江大学,2002.

[4] 龚晓南. 复合地基理论及工程应用[M].北京:中国建筑工业出版社,2002.

[5] 龚晓南,椅航. 基础刚度对复合地基性状的影响[J].工程力学,2003,20(4):67-73.

[6] 龚晓南. 地基处理技术发展展望[M].北京:中国水利水电出版社,2004.

[7] 曾森财.水泥土薄墙截渗技术在长江堤防中的应用[J].西部探矿工程,2004(4):43-44.

[8] 叶观宝,徐超,邹允祥,等.水泥土搅拌桩处置连云港地区滨海相软土地基的工艺研究[C]//第八届全国地基处理学术讨论会论文集.合肥:合肥工业大学出版社,2004.

[9] 宁建国,黄新.固化土结构形成及强度增长机理试验研究[J].北京航空航天大学学报,2006(1):7-8.